歲用

月傅承至

易武

郑少烘 著

云南出版集团

YNKJ 云南科技出版社

·昆明·

图书在版编目（CIP）数据

易武 / 郑少烘著 . -- 昆明 ：云南科技出版社，
2020.6（2023.8 重印）
　ISBN 978-7-5587-2859-4

Ⅰ. ①易… Ⅱ. ①郑… Ⅲ. ①普洱茶－茶文化－介绍
－勐腊县 Ⅳ. ① TS971.21

中国版本图书馆 CIP 数据核字（2020）第 092289 号

易　武

郑少烘　著

出 品 人：杨旭恒
责任编辑：叶佳林　肖　娅　杨志芳
装帧设计：周　娟　钟　琛　刘　玲
责任校对：张舒园
责任印制：蒋丽芬

书　　号：ISBN 978-7-5587-2859-4
印　　刷：云南灵彩印务包装有限公司
开　　本：889mm×1194mm　1/32
印　　张：12
字　　数：250 千字
版　　次：2020 年 6 月第 1 版
印　　次：2023 年 8 月第 3 次印刷
印　　数：12001 ～ 14000 册
定　　价：100.00 元

出版发行：　云南出版集团　云南科技出版社
地　　址：　昆明市环城西路 609 号
电　　话：　0871-64192752

【序】

如果不曾遇到"普洱"，可能我还在"乌龙"里沉浮。可能日复一日地重复着井井有条的工作，生活优渥却波澜不惊。更不会得见易武这一方山山水水，不曾遇见这些淳朴可爱的"易武人"。

"每100米，就有一家茶店；超不过20米，就有一个正在喝茶的地方"。我出生在一个无茶不生活的地区——潮汕，自懂得喝水起，我便会喝茶。

真正爱上普洱，是在2000年。广东人素有喝普洱茶的习惯，耳濡目染间，我也逐渐沉迷于此，年岁越长，爱之越深。我也同多数普洱茶的发烧友一样，茶海沉浮，阅尽各类普洱经典名品，从对易武茶心生情愫，到渐渐地情所独钟。

二十年前，易武这个曾如雷贯耳的名字，更多埋没在故纸堆里，或是在茶圈中小范围流传。一开始对于易武只是口感偏好，神交愈深，灵魂亦随之共鸣。

情交而痴，因痴而穷根究底。翻遍普洱茶文史资料，普洱茶三百年荣光，经典与传统，无不指向这座边陲小镇。然则遍寻古今各种名品字号，终究与心中理想的易武茶存在着落差。

寻源易武，势在必行。

第一次来到易武，便再也无法离开。山水长卷渐次展开——立体参差的生态环境，丰富的古树茶资源，悠远深邃的人文底蕴……正是我日思夜念的贡茶之源。这一湾滇境之边的山水，分明是命定的原乡！

彼时我已年近不惑，多年来职业所练就的谨慎与缜密，敌不过眼前这方山水，亦敌不过日益在心中蔓延发酵的普洱茶香。

"纯正易武"的概念日渐清晰于脑海，传承易武精髓的理念更是酝酿已久，至双脚踏上这方土地，终于铿然落地、水到渠成。

几番筹措，于2005年，岁月知味正式成立，我们做的第一片茶，叫作"易武正山古树"。我们试图以一个茶人的纯正态度，以最质朴的方式，用易武正

易

武

山的纯正古树，去还原易武的传统滋味。后来，这款产品一直延续至今，已然是易武年份茶最完整的标本。

前行之路，未敢稍歇。从生产规模的扩大，到科学仓储建设的规范；从有机认证基地的筹备创建，到产品梯队的形成；从"看得见的转化"概念提出，到用成果给市场答案；从破译易武茶风格的"三大香带"之路，到问鼎易武风格高端茶"易道"问世；从传承经典的起心动念，到易武茶"越陈越醇厚"的观点总结……

回望来时路，已然十五载。一双脚丈量易武的每一寸土地，一双眼遍览晨昏的云霞明灭，一路风雨，一路笃定。

"岁月沉积，人生知味。"普洱，是用岁月完成的修行，而在这段岁月中，我们何尝不是修行人？

当年痴心一片，今日仍觉不悔，这个曾被历史烟尘埋没的古镇，终于经由我们的双手，经由一代代茶人的努力，逐渐回归王座。而我们因着十五年的朝夕相处，琢之、磨之，对易武茶有了一些更深刻的理解。

这片土地的历史文化、风土风味，随着相交益笃，终于缓缓揭开它的神秘面纱，并仍在继续惊艳着我们。因着多年耕耘，我算是最了解易武茶的人之一，易武之于我，更像莫逆之交。

我想将对这位"知交"的理解，分享给所有渴望了解易武的人，也希望能让爱茶的你，因此而更懂得易武之壮美、之阔大、之宽仁。

这也是为什么我耗尽心力去完成这样一本书的原因。虽才拙笔笨，更难免有挂一漏万之处，诚请诸位不惜指正，但拳拳此心，可以敬白读者。

易

武

目录

1

第三章 风味密码

第四章 岁月史诗

第五章 易武茶人列传

第一章

茶人的原乡

易武，一文一武

易平街贯穿东西，人文之风百年不衰

武庆街连接南北，茶马驼铃穿行万里

易武，一柔一刚

柔者初识，温文尔雅，内敛宽容

刚者回味，稳健醇厚，余韵悠长

文武兼备，刚柔并济，是为王者之道

天下普洱
第一镇

可历经浩渺时光的淬炼，循着普洱茶的历史，唯有易武，在时间长河中熠熠生辉，成为普洱茶无法逾越之地。

百年前，易武是贡茶产地，众多百年老茶诞生于此。百年后，易武从凋敝到繁华，见证着普洱茶的全面复兴。

无数茶人不远千里朝圣，只为亲身感受易武的茶汤底蕴、风云变幻。矗立在古镇入口的"中国贡茶第一镇"的牌坊，并不足以说明易武茶之地位，只是它的自谦之词。我认为易武是"天下普洱第一镇"，这既是殊荣，更是实至名归。

⊚ 易武"中国贡茶第一镇"牌坊

物华天宝的古老茶园

山川有灵气盘郁，不钟于人即于物。易武河川最为钟爱之物，自然是茶。

造物者悉心打造易武的山山水水——择其址于澜沧江北岸，喜马拉雅山脉抵挡住致命的寒流；选其地于北回归线偏南，平均温度与茶树生长温度基本吻合。茶区云海翻腾，峰峦叠嶂，茂林参差，一切顺性天成，天生便是产上等好茶之地。

易武占尽天时地利，山高雾重，平均海拔1400米。位于刮风寨的黑水梁子海拔2023米，是西双版纳州第二高峰，而龙户村海拔700米。1300多米的海拔落差，形成了易武茶区极为立体的生态气候环境。

这里温热多雨，易武年均降水量在1700~2200毫米之间，年均气温17.5℃。这里土地肥沃，易武土壤以红壤、赤红壤为主，pH值在4.5~6.5之间。这里矿物质丰富，铁矿、石盐、铜矿等散布在麻黑、高山、勐户、磨者河、同庆河等各个区域，黏土分布在乡境丘陵地带。

巨大的海拔落差和自然资源的多样化，赋予易武独特的风土密码，造就了立体丰富的普洱茶生态环境，一山一味，群星璀璨。

在森林秘境之中，高山阔野之间，古茶树与密林共生，形成高低错落的完美生态圈。易武有古茶园11430亩（1亩≈666.7平方米，全书同），分布在麻黑、曼撒、曼乃、曼腊等地。勐海茶区老班章一枝独秀，易武茶区却是古树葱茏，名山竞立。麻黑、高山、茶王树、落水洞、刮风寨、弯弓、薄荷塘、同庆

河、哆依树……一座座山头逐一横空出世，不断惊艳世人眼目。

山山各有风骨，探幽穷赜，其乐无穷也。

易武茶的贵族荣光

自古以来，易武便是官方认可的优质产区，及至清代成为贡茶采办地，征服了东方帝国的最高品味，闻达于皇室亲贵，声誉日隆。

在成为贡茶之前，易武茶已有数千年的古茶历史。

古六大茶山少数民族中至今流传着三国时期孔明兴茶的故事，世世代代尊诸葛亮为"茶祖"。来自巴蜀大地的茶叶种植文明与云南濮人种茶的传统交汇融合，历经数百年，至唐时已是滇南有名的"利润城"。元代，云南行土司制度，与中原的联系空前紧密。明清，大规模屯田与移民政策乃至鄂尔泰"改土归流"的推行，云南进入大规模汉化阶段，这一时期"普洱茶"的名称正式出现。

　　清代是普洱茶发展的鼎盛期，易武则是普洱茶贡茶文化的发祥地。

◎ 康熙皇帝像

　　康熙朝时已在云南采买普洱茶运送往京城，供内廷饮用。雍正初年推行"改土归流"，在云南设置普洱府，优选普洱茶御贡入京，后易武被指定为贡茶采办地，一直持续到清王朝末年，易武茶作为贡茶深受清朝皇室与贵胄的喜爱。

　　论历时之长，易武作为贡茶近200年；论纳贡之丰，易武年解贡茶66666斤（老斤），是普洱贡茶中绝对的中流砥柱，在古六大茶山中占尽风流；论制作之精细，贡茶的采办具有严格的规定与操作流程；而论身份之隆，乾隆、道光等帝对易武普洱赞不绝口，清朝皇室更因嗜此茶而养成"冬饮普洱"的习惯，足见其情之所钟。

易武作为"中国贡茶第一镇"，数百年流芳的"马背上的贡品"，引后世无数茶人竞折腰。

到了现代，易武地位依然居高不下，云南省农业科学院茶叶研究所明确提出"古六大茶山易武居首"。

独领风骚的风云百年

名烁古今的易武"号级茶"，其实早有因缘。皇室贡茶的身份，一则影响易武茶的加工技术、生产规模、风格审美，二则影响易武的建设、教育与商路通拓。

天下熙攘，皆为利往。清代起汉人奔山而来，易武逐渐繁荣兴盛，成为普洱茶的生产集散地。至清朝晚期，整个易武茶山绵延100多公里，已形成"山山有茶园，处处有村寨"的格局。

清末民国，各类商号遍布易武老街、茶马古道沿途。

易武商号的主人多为"奔茶山"而来的石屏后代，他们重文崇儒，诗书传家，在贡茶技艺基础上不断精进，坚持以最好的原料、最好的工艺制作最好的普洱

◎ 红标宋聘号（图片由台湾五行图书出版社提供）

茶，精工细作之余，又以人文加持，逐渐形成易武茶"平衡细腻、刚柔并济"的产区风格。茶商们苦心经营，商道大开，将易武茶的商业版图扩展至香港、东南亚等区域，盛况之下，马无空鞍，茶无存滞。易武茶行销天下，尽显不凡。

时至今日，当年铸就的号级茶经典，因其卓越品质与稀缺价值，仍在各大拍卖市场不断突破天价，领衔普洱茶的价值新高。

如果说成为贡茶代表了东方帝国统治阶级的口感偏好，那易武号级茶则是市场经济下的自由选择，是整个市场对于易武茶的厚爱，优胜劣汰，易武茶独领风骚。

易武茶在波谲云诡的市场竞争中一路搏杀，以悍然之姿一骑绝尘，将灿若星辰的号级茶绘成普洱茶历史中耀目的篇章，奠定出普洱茶江湖最初的格局。往前承袭近两百年贡茶品质，往后开创百年普洱之光华，人皆言之"一座易武山，半部普洱史"。

极边之地的人文风华

三千多年前，濮人南迁提升茶叶驯化种植水平，云南茶叶种植从蒙昧走向文明。

至汉武帝征服西南夷设立永昌郡，诸葛亮治理南中，中原农耕文化涌入，茶叶种植水平进一步提升；到唐代，濮人、乌蛮成为种茶的两大主体民族。宋元时期，哈尼族、彝族、拉祜族、布朗族、佤族、德昂族成为种茶的主体民族。明清以降，汉人成为主体民族之一。

几千年种茶历史，东方文明的曙光不断影响着云南这个化外之邦。各民族相互影响，云南茶叶史鸣奏出波澜壮阔的民族融合乐章。其中，对易武影响最为深远的是明清时期，尤其是清朝。自乾隆始，大量汉人涌入易武，定居在雨林深处，与当地的少数民族不断交流融合，至今已有三百余年。

三百余年深度开发，易武茶山形成"山山有茶园，处处是村寨"的格局。三百余年间生产水平不断成熟，易武商号林立，经典名品频出。三百余年间商道拓辟，易武成为古道之源，茶运畅通让这个边陲小镇逐渐名动海内，几乎占尽普洱茶的荣光。

三百余年人文陶冶，烙印出刚柔并济的易武风骨，在物我和谐、天人合一的境界追求中，易武茶与中国人圆融温雅的传统性格相知相谐。

仰赖于几千年中原文化润物无声的滋养，更得益于这三百年静水流深的陶染。易武堆叠出悠远深邃的人文历史，流淌出动人的人文底蕴。易武被誉为"状元茶乡"，兼得自然造化之钟灵毓秀与东方文化之包容优雅，成为雨林秘境中一道动人风景。

品易武茶，已不止于体会澜沧江畔的东方树叶之味，更是深度感受中国传统文化与艺术品位的重要方式。

"天下普洱第一镇"　实至名归

纵观历史，自濮人种茶起，云南茶叶文明的第一丝曙光照进易武；到唐代"利润城"，易武出好茶已是远近闻名；至清代敬献皇室，易武茶征服东方帝国的最高品味。三千年间岁月激荡，三百余年间风起云涌，易武茶卓然傲立，始终以王者之姿一览众山小，成就不可逾越之普洱圣地。

穷究品质，被"天时地利"宠爱的易武茶，出身已是华贵，更难能笃步前行，品质传世。今日仍存世之百年茶品已被时光验证，更何况其茶性、其气韵与传统文化如此契合，自然能引得无数茶人倾心相待。

而我只是这"无数茶人"中渴望为易武略尽绵薄之力的一个。十余年前，我循茶香而来，扎根易武，琢之、磨之，茶汝于成；十余年间，我一趟趟走出去，珍而重之，将易武茶推广复兴。与易武茶相伴越久，爱之越深。仰之弥高，钻之弥坚——这，就是易武茶的魅力所在。

天下普洱第一镇，舍此其谁？

茶马之源的
岁月陈香

　　易武古镇，坐落在一处平坦的山梁之上，
形似马鞍，生在茶乡，似乎冥冥中就与"茶马"
有着无尽的机缘。

◎ 公家大院

◎ 茶马古道起点

　　马鞍正中，顺着大天井广场拾级而上，不多远便会来到公家大院。这里便是茶马古道的起点，普洱茶文化的源头。数百年前，马帮的驼铃就在这里响起，逶迤而去，漫漫在岁月长河……

　　公家大院，几株巨大的榕树参天，几百年来的生长早已枝繁叶茂，仿佛一个天然的帐篷。树下，马锅头牵着六匹驮茶的骏马，马背上的竹筐里：易武、倚邦、革登、蛮砖、莽枝、攸乐。

古六大茶山的普洱茶归于易武，又由此走向四方。

顺着正午的阳光，一侧的石碑光影斑驳，抚摸着碑身上的文字，似乎都在述说着这条古道曾经的辉煌与沧桑。他们曾经从这里启程，背负着皇家贡茶的马队一路北去，万里赴京；他们曾经从这里启程，翻山越岭，穿越藏地，一路向西；他们曾经从这里启程，披荆斩棘，开辟商道，出老挝、越南，经泰国和中国香港，远下南洋。

瑞贡天朝
显赫一时的贡茶荣光

昔日的驼铃杳不可寻，青石板上似有马帮踏过的蹄印，其中最深邃的一道，便是"瑞贡天朝"曾经的辉煌。

易武因为盛产好茶，自唐代起就被设置为滇南有名的"利润城"，一直延续数百年。"西蕃之用普茶，已自唐时""普茶蒸之成团，西蕃市之，最能化物"。

明清之际，作为云南名品的普洱茶自然常常被朝廷的封疆大吏所看重，送入京城，献给皇帝，赠予显贵。"自康熙朝始，

◉ 故宫御茶房（图片由刘宝建老师提供）

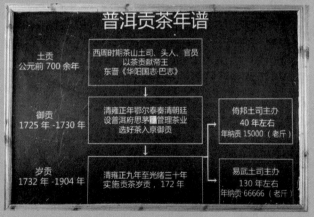

◉ 易武茶文化博物馆内记载的普洱贡茶年谱

云南督抚派员支库款，采买普洱茶5担运送到京，供内廷作饮"。

雍正七年（1729年），云贵总督鄂尔泰在云南推行"改土归流"，正式奏请朝廷设置普洱府，并于思茅（今普洱）设总茶店，管理茶业，选优质普洱茶御贡入京。

乾隆九年（1744年），朝廷正式将普洱茶列入《贡茶案册》，易武被朝廷指定为贡茶的采办地。至此，易武开启了延续近200年辉煌的普洱茶贡茶时代，直至清朝末年社会动乱被迫中断。

为了督办贡茶，清政府专门在易武设置"钱粮茶务军功司"，指定易武年解贡茶66666斤。"于二月间采蕊极细而白谓之毛尖以作贡……贡后方许民间贩茶"，所以易武民间流传着"采办贡茶，忙上不忙下"的说法，意为采办贡茶乃是皇帝旨意，必须为第一要务。贡茶任务完成后，民间才能进行买卖。

同时，易武年解66666斤的贡茶采办量，在普洱贡茶中也是绝对的中流砥柱（注：余下倚邦等地年解贡茶 15000 斤）。直到 1963 年北京故宫处理清宫贡茶时，尚存有两吨多之巨，其中不少是当年自易武采办的普洱贡茶。

清王朝作为马背民族，传统饮食以肉、奶为主，消食解腻的普洱茶自然是皇室的宠儿。上有所好，下必趋之，一时"普洱茶名遍天下……京师尤重之"。末代皇帝溥仪就曾对老舍说："普洱茶是皇室成员的宠物，拥有普洱茶是皇室成员显贵的标志。"

18 世纪东西方帝国的第一次正式对话，英使马嘎尔尼朝见乾隆皇帝，清王朝给予的回礼中就有普洱茶。而其中的普洱茶，亦多自易武出。

清朝皇帝也曾先后多次赏赐"瑞贡天朝"的匾额至易武，一说有宝匾五块，一说有三块，其间因历史原因各有损毁，目前仍存世一块。这也是目前中国茶史上唯一受皇帝赐予，并且完整保留、硕果仅存的一块，足见易武茶当年荣光。

易武作为贡茶的指定采办地，历时之久，纳贡之巨，制作之精良，身份之显贵，在整个中国茶史中也难能一见。因缘如此，易武也被誉为"中国贡茶第一镇"，引来无数后世茶人跋涉前往，顶礼膜拜。

传世经典
独领风骚的风云百年

如果说易武茶的第一座高峰是来自贡茶、官茶的荣光，那么接下来易武的第二座高峰则是属于"自由经济"下的市场骄子。

从清代中期，直至抗战前夕，此百余年间，"……入山作茶者十万人，茶客收买，运于各处"，易武成为普洱茶最为兴盛的生产集散地，易武茶独领风骚，风云百年足以彪炳史册。

如同景德镇的瓷器发展史一般，官窑对推动当地的瓷器工艺水平、审美能力和产业发展都留下了深刻的烙印，这样的影响一直持续到今天。皇室贡茶的身份不仅奠定了易武茶的显赫地位，对易武茶的加工技术、生产规模、风味审美，以及对于易武的地方建设、文化教育、商路开拓都起到了至关重要的推动作用。

雍乾年间，因为贡茶采办量巨大，当地常常难以撑持，清政府亦逐渐放宽了对茶叶的垄断经营。易武土把总伍乍甫招募大量石屏等地汉人涌入茶山，开辟茶园，贸易交通。到乾隆末年，易武茶山已形成了"山山有茶园，处处有村寨"的盛景，商旅往来不绝，一派兴旺景象。

◎ 易武海关旧址

易武的茶庄茶号最早创办于清朝初年，其后各类商号络绎涌现，至清末民国期间达到顶峰。古六大茶山的茶叶集散于易武，茶庄遍布老街、曼秀、麻黑、曼撒、曼腊等商道之上，至今易武古镇上尚存老号数十家，在云南茶区中自成一道独特的风景。因茶叶贸易繁荣，清政府于1897年在易武设立海关，专司管理对外商贸事宜。

易武众多的茶庄茶号，尤以早年"奔茶山"的石屏人居多，他们崇文兴教，诗书传家。其中，既不乏安乐号李开基、车顺号车顺来、同昌号黄席珍等文武进士，又有如乾利贞号袁嘉谷这样的经济特元。

他们兴建庙宇、设立学堂、建盖会馆，在贡茶技艺的基础上不断提高茶叶生产水平，融入人文之风，逐渐形成了易武茶"刚柔并济，平衡细腻"的风味特征。台湾媒体也因此将易武称之为"状元茶乡"。

同时，易武茶商严守品质，注重商誉，加之苦心经营，锐意进取，终于商道大开。

茶商们组织运输的马队、牛队，跋山涉水去往老挝、缅甸、泰国、马来西亚、中国香港等国家和地区不断扩展商业疆域，易武茶是以行销海内外，声名大噪。

这个被称为普洱茶号级茶的时代，他们坚持以最好的原料、最好的工艺来制作最好的普洱茶，他们对品质的坚持，是故传世百年而长青。时至今日，这些被称为"号级茶"的时代经典，因为其卓越品质与稀缺价值，仍然在各大拍卖市场上不断引领着普洱茶的价值新高。

同兴号内票："历来进贡之茶均易武所产者也……自曾祖住易武百有余年，拣采春季发生之嫩尖茶，新春正印，细白尖，并未掺杂别山所产……"

同庆号内票："本庄向在云南历久百年字号，所制普洱督办易武正山阳春细嫩白尖，叶色金黄而厚水，味红浓而芬香，出自天然……"

◎ 图片由台湾五行图书出版社提供

福元昌号内票："本号……专办普洱正山，地道细嫩尖芽，加工督造，历年已久，远近驰名……"

时至 20 世纪 50—60 年代国营茶厂时期，易武茶依然作为优质普洱茶产品的主要原料——"红印的茶菁即是来自易武正山大叶种茶树，那里的茶菁一直都被认定为最优良，现今普洱茶品行列中，红印普洱圆茶因而得以鹤立鸡群……"

印级茶时代，是易武茶风云百年中最后的荣光，但它依然低调地展示出高贵不凡。此后，易武茶和整个普洱茶行业一起，坠入数十年黯然无光的黑暗……

百年风云，独领风骚，这是易武茶艰苦卓绝而又光芒万丈的百年。易武茶商们赤手空拳打下一片最繁盛的天地，又你追我赶向远方奔去，让普洱茶香溢出国门，奠定出普洱茶江湖最初的格局。这是普洱茶历史上浓墨重彩的一笔，也为日后易武茶的复兴埋下最重要的伏笔。

百花竞放
星光璀璨的复兴之光

国运多舛之际，茶山自然亦难例外。

1937年抗战爆发，迫于日本人的压力，法国切断了中国经越南、老挝的出海通道，易武茶售往东南亚的销路被迫中断。此后连年战乱，兵灾匪患，商路艰难，茶商勉强维系。中华人民共和国成立后，时局变迁，因种种历史原因，私人茶号逐渐收归国有。

而后十数年间，受各类政治运动的影响，茶山凋败，茶园荒芜。1970年易武老街一场大火，老号几乎尽毁，从此再无复当年情景。

值得庆幸的是，茶山先民们种下的茶园依然散落在易武的村寨茶山之间，坚韧地保留着普洱茶最优质的基因，继续顽强地生长。数十年间，易武茶一直作为优质普洱茶的原料交付国营茶厂，成为那个年代数字唛号中默默无闻的一分子，再不复当年盛名。

历史的轮回中，前世之因，必生后世之果。

易武茶当年叱咤风云的众多传世经典，经过数十年乃至百年的时光，依旧在普洱茶市场熠熠生辉。流传于世的众多号级

⊚ 1994年易武乡政府复兴时代的人物合照。第二排左起：陈怀远、李家能、郑经民、廖文祺、张毅，第一排左起：白宜芳、许寿培、张官寿、龚敬平。（图片由陈怀远先生提供）

名品、印级名品，无一例外地都将焦点指向了易武，它们如同一盏盏明灯，为后来的朝圣者指明了方向。

1994年，以吕礼臻为首的一群台湾茶人，带着满腔的热忱，循着普洱茶的岁月陈香来到易武。后来的采访中，吕礼臻回忆道："号级茶让我觉得很不可思议，陈放了那么久，还是那么好喝，那么迷人。"他们以一个普洱茶粉丝最质朴的情感，历尽艰难，朝圣心中的普洱圣地。

因缘际会之下，沉睡半个多世纪的易武茶，终于掀开了复兴的帷幕。

此后十年间，茶界群贤汇集易武，他们各展其能、各尽其力，点燃了易武复兴的星星之火。十年间，老字号、制茶古法慢慢被寻回，新的品牌逐渐萌芽。十年间，普洱茶的基础概念、认知体系、价值体系逐步完善。十年间，他们用一款又一款的经典名品，重新开启了普洱茶名山古树的时代先河。

普洱茶行业自此迎来了从"万马齐喑"到"百花齐放"的巨大变革，"普洱茶如滚雪球一般，蓬勃发展至今"，从此局面大开。因此，市场也将这十年，称之为易武茶的"复兴时代"。

于易武，这是意义非凡的十年；于普洱茶，这是承上启下的十年。

砥砺前行　历其重者必承其冠

易武经历了十年的复兴萌芽，悠久的历史传承，厚重的人文底蕴，丰富的生态环境，无不感召着一批批的爱茶人驻足扎根。以岁月知味等为代表的一批企业选择重新走进易武，回到

易
武

普洱茶的原乡，接过前辈们的衣钵，推动易武茶重归王位。

十多年间，茶山得到进一步的探索和开发，曾经散落在易武茫茫大山中的古老茶园被再次寻回，易武众多的知名小产区在普洱茶市场如群星闪耀。

传统技艺得到普及，制茶水平得到进一步提升和完善。易武茶严守品质、精益求精，力图传世经典的制茶理念得到传承。

在历史的蛛丝马迹中，追求天人合一的自然之道，追求刚柔和谐的传统精神，普洱茶的人文之美重新回到大众的视野。

一座易武山，半部普洱史。三百年烟云，千锤百炼方承其冠，

◎ 易武茶文化博物馆

担得起繁华盛景，也耐得住寂寞平淡，这份从容，来自王者内在的风骨。

　　时至今日，易武茶已再度成为各大普洱茶商的必争之地。每到春茶季，易武古镇上车水马龙、人来人往，前来易武朝圣的人络绎不绝。曾经显赫一时的贡

茶荣光，独领风骚的百年风云，再到百花竞放的
复兴之光，都流淌在了这茶马之源的岁月陈香里。

　　易武因茶而盛，亦曾因茶而衰；国弱则茶疲，
国强则茶兴。此刻，阳光已渐西斜，清风拂过，
公家大院的榕树叶在头上沙沙作响……

极边之地的
人文风华

易武 异域深处的汉家小镇

　　美丽神奇的西双版纳，总有着无数的理由吸引人前往。

　　这里能见识到原汁原味的少数民族风情。身段婀娜的傣族姑娘，一眸一笑间舞出孔雀之灵；崇尚黑色的哈尼族，视黑色为吉祥色、生命色和保护色；将茶奉为圣物珍品的布朗族，年年春天供奉茶始祖"叭岩冷"；中国最后一个被确认的少数民族——基诺族也世居于此……

这里有绿树碧水间的古老傣王宫，带你穿越旧时光，聆听傣王和王妃的故事。黑色夜空下金光闪耀的佛塔，让人宛如置身佛国，忘记凡尘的喧嚣浮华……

傣历新年，万人泼水狂欢，"水花放，傣家旺"，身穿盛装的少数民族男女互相泼洒爱和祝福，追逐嬉闹；到夜晚，成千上万盏孔明灯照亮澜沧江的夜空，满星叠照，飞机特意为之停航。

沿西双版纳首府景洪出发，东行百余公里，伴随着旖旎的雨林风光，穿过巍然耸立的"中国贡茶第一镇"牌坊，我们来到易武古镇。

古镇分新街与老街。先抵达新街，混凝土搅拌机的声音、建筑工人咣当咣当的施工声不绝于耳，新房正如火如荼地建设着。

到了老街，则是另一番景象。少了游人，多了静谧。被岁月打磨得光滑的青石板小径，两侧散落着老

宅大院，时不时传出炒茶的香气，透过四合院的天井能看到老人正在捡黄片，老旧屋檐下还挂着燕子筑的巢……

沿着青石板小径走一走，车顺号、同兴号、同昌号、福元昌号、迎春号等老宅建筑一一呈现在眼前。这些在普洱茶人听来如雷贯耳的名字，一如往常地默然无语，任凭风吹雨打。

数百年时间，让老街平添了沧桑；几多浮沉与变迁，让老街伫立成传奇。推开寻常一扇木门，入眼的是雕梁画栋、飞檐斗拱，入耳的是主人热情的攀谈，多为云南石屏腔调，让我们从异域他乡似乎一下子回

易

武

到了熟悉的故土。

　　曾经这里老宅林立、驼铃声声，经过岁月洗礼后，老建筑所剩无几，但映入眼帘的每一座老宅，都是一本活历史，悠悠地诉说当年的故事……

三百余年静水流深
缓慢而深刻地改写易武风华

　　易武是云南著名的古茶区，种茶历史悠久。数千年来，少数民族在易武居住种茶，少数民族代代相传着三国时期"孔明兴茶"的故事，至今仍奉诸葛亮为"茶祖"，乾隆元年《云南通志》记载："旧传武侯遍历六山……相传为武侯遗种，今夷民犹祀之。"

　　到唐代，濮人、乌蛮等民族在今曼撒茶山种下古茶园，易武成为滇南著名的茶产区，唐代《蛮书》中记载："茶出银生城界诸山……"至明清，已有布朗、哈尼、彝族、回族等少数民族聚居于此，世代传承守护茶园。

有清一朝，雍正七年（1729年）西双版纳"改土归流"后，古六大茶山迎来了又一轮大开发。自乾隆始，政府对茶叶交易的管控逐渐温和，大量汉人涌入易武，易武茶业进入鼎盛时期。

从第一批石屏人赶着马帮，跨越红河哀牢、李仙无量，抵达古六大茶山进行茶叶贸易。到后来逐渐举家携亲迁入易武，几番寒暑站稳脚跟，从此定居在雨林深处，至今已有三百余年。汉族先民在易武扎下根来，在此安居乐业，与少数民族不断交流融合。

三百余年间，易武逐渐成为一个以汉族为主的普洱重镇，民族融合的大势定格在这一方山水中，堆叠出细腻精致、幽深又壮阔的人文历史。三百余年间静水流深，民族间渗透融合的进程缓慢而深远，易武都发生了哪些变化呢？

茶山得到深度开发

乾隆年间，易武贡茶采办量巨大，"夷民等难以支撑门户，故逃亡死绝者占多，一应贡项茶斤以及钱粮夫役门户年年掣肘不能办理……茶园无人修理采种植茶株尽绝……"易武土司大量招募汉人入山垦荒，自此汉人逐渐涌入。

他们在易武茶山刈复老茶园，开发新茶园，如今国有林、自然保护区中散落的众多古茶园，几乎都是当年的村寨旧址。弯弓、茶王树、一扇磨、白茶园、白沙河、茶坪等古茶园周边，甚至业已消失的郑家梁子、朱家凹子等地，当年茶山先民的房舍地基犹存，染了青苔的残砖碎瓦仍在。

⊙ 淹没在荒山中
的房舍地基

经过数代开拓，百里易武形成"山山有茶园，处
处是村寨"的格局。今天顺着易武老街—曼秀—落水
洞—麻黑—大漆树—张家湾—曼腊等茶马古道沿线村
寨，仍有大量当年"奔茶山"的汉人后裔世代居住。

推动生产力快速进步

汉人带来了先进的生产技术，他们管理茶园、改
良品种、提升工艺水平，在协办贡茶采制的基础上，

不断完善和提升易武茶的生产标准，推动了易武茶品质的再次飞跃。道光皇帝就盛赞易武茶："汤清纯、味厚酽、回甘久、沁心脾，乃茗中之瑞品也。"

清中期开始，易武商号林立，经典名品频出，均是其制茶水平高超的力证。民国《云南经济滇茶概述》说："镇越县即古六大茶山的易武山，茶质优良，远较佛海（今勐海）为胜……"

开辟商道　兴建茶乡

汉人在此修桥、开路、建庙、立馆，艰苦卓绝地开辟商道，推动易武的繁荣建设。茶马商道北去京城、南下南洋、西进藏区、东走港粤。云南地区山高水险，马帮行路之艰难，曾有诗如此形容——"崎岖鸟道锁雄边，一路青云直上天。"依靠人走马踏，穿越一道道山山水水，征服一片片激流险滩，终于踏出易武通往四方的康庄大道。

易武逐渐从一个边陲小镇逐渐名动海内，在京师乃至东南亚区域享负盛名，几乎占尽了普洱茶的荣光。百年之后，茶韵犹存，台湾茶人也是循着史书的记载、产品的流传以及易武的声望才重回故地，开启普洱茶风云再起的二次繁荣。

◎ 航拍易武

人文陶冶
烙印出刚柔并济的易武风骨

汉人崇文兴教，诗书传家，在易武设立学堂，兴建庙宇。以儒家、道家思想为代表的东方文化，播撒在易武人的意识形态中。

东方文化追求天人合一、物我和谐的境界，提倡"刚柔相济""外圆内方"的处世哲学，"至刚易折，上善若水"，君子立身行事之道当从容不迫，宽容于物，不削于人。这种人文风格，深深烙印在易武茶的风格审美中。

易武茶注重内在修养，不追逐一时的霸道刚猛，形成"高香甜、低苦涩"的口感特点；坚持中庸平衡、刚柔相济的和谐，风格内敛优美、平衡细腻。易武茶甚至符合中国人的传统性格：宽容、内敛、清雅、外柔内刚、温文尔雅。品易武茶，如与君子相交，随方就圆，无处不自在。

岁月沉积出永恒经典
成就爱茶人的终极归属

　　濮人先民在易武种茶驯茶，中原的农耕文明缓慢
浸润；汉族先民为易武茶构建风味基础，掀易武茶之
绝世风华。

数千年来风云起伏，茶山或兴盛或沉寂，各族同胞生于斯、长于斯，埋头耕耘、静默守望。今日瑶族、彝族同胞再次翻山越岭，在遮天蔽日的莽莽深山中，为我们挖掘出曾经遗落的古茶园，易武之深厚底蕴不断惊羡世人。

观易武苍莽群山，上得天时之宠爱、下有地利之优势，茶园或位于生态极佳处，或藏于原始密林中，沐浴阳光雨露，吸收天地灵气；数易武演化脉络，泱泱三千年古茶历史，悠悠三百载人文润养，成就易武茶之韵味、之风骨、之气象。

唯其如此，才能历劫波而不倒，成为爱茶人魂牵梦萦的终极归属。多少年风华流转，而今再写不凡。

茶人的
共识

味，一种个人感官的口腔味觉体验，英文译作"taste"，也与中文本意相差无几。道，则太中国了，一个字，道尽万事万物运行秩序，找遍西方世界亦无对应词汇。味中有"道"，这是老祖宗组词造句时，就已昭然于世的一套东方哲学。

中国人的"味之道"

《国语》有云："声一无听，色一无文，味一无果，物一无讲。"大概意思就是，单独的一种味道，和单一的音符、单一的颜色、单一的事物一样，是无法给人们带来较高的感官享受的。

传统文化的审美倾向呼之欲出，那就是，并不单独强调某一种特征的优劣，而是整体上的"中正协调"，谓之"和"。

"和"，并非"和而相同"，而是贵在"和而不同"。接受并调和事物的多样性，并最终达到"和"的状态，这种独具特色的审美取向，深深地烙在中国传统文化之中，影响着国人的方方面面，包括味觉。

味之差别有如阴阳，唯能调理，可致中和。在今天整个普洱茶的品饮体系里，专业品饮者讲究一山一味，每个人对每个区域的审美可能都会存在差异。但如果说符合传统审美要求，细腻丰富却又极富和谐之美的，诸多产区风格之中，易武可能更符合这一点。

易武当道 爱茶人无法绕开的存在

20 世纪 90 年代末至新世纪初，易武刚刚因着台湾茶人的造访，开始被重新发掘之时，大陆品饮界普遍认为它是滋味"偏淡"的。

那时候，台湾著名茶人周渝先生去勐海茶厂找茶，喝完各种南糯、布朗、景迈、班章……最后他独独对两款易武茶感兴趣。茶厂技术人员很奇怪，为什么周渝先生说它茶气最强，"明明最淡啊"。

后来越来越多的易武茶代表产品开始涌现，喝惯了大厂茶粗重口感，并且认为"不苦不涩不是茶"的喝茶人，也开始走出时代局限，逐渐欣赏起易武茶"柔和细腻的甜香"，以及它"打破普洱生茶新制之初，苦涩刺激不适合品饮的认知"。

到了今天，易武，已经是每一个普洱茶企都无法视而不见的产区。大到建工厂，小到"包棵树"，从庞大的资本运作，到个体的发烧友……几乎所有的茶企多少都要来易武插杆旗。易武已经成为所有茶企无法绕开的存在。而这背后的支撑，则是在品饮圈的市场上，易武，已经成为所有爱茶人不争的共识。

有名家点评："景迈茶，茶芽细嫩，性柔，女性更喜欢。班章、冰岛选育代数不如易武，所以茶气更野性，更霸气，是男人们的最爱。而易武茶口感更柔和、更醇正，更具有高贵气质。"易武复兴的重要参与者之一的吕礼臻先生更是一语中的，"喝茶到最后，对品质的要求，其实就是两个字——细腻。易武茶，是茶人的共识"。

易武味之道 中国人骨子里的"王道"

易武茶内敛丰富、韵味悠长，与班章茶直接的霸气外露、浓强刺激相映成趣。

今天有许多人习惯把易武对标班章，"班章霸气浓强，易武香扬水柔"的说法不绝于耳，不知自何时起，慢慢形成了"班章王、易武后"的说法。殊不知，大约2006年以前，主流的说法是"易武为王、景迈为后，班章、冰岛威武大将军"。茶文化学者周重林也曾整理过当时另一种说法："易武为王、景迈为后，左相班章，右将勐库，南糯在前，布朗在后。"但无论哪一种说法，易武的王者地位从未动摇。

所以不得不说"班章王、易武后"，几乎是普洱茶行业一次最成功的营销逆袭，这样的说法，不止远远不够精准，更是颠覆了我们对普洱茶的传统认知。

首先，从行政级别而言，班章只是一个村，而易武是一个镇。市场所指的"班章王"，更准确的说法是具指的"老班章"村，这是布朗乡班章村委会下属的一个哈尼族寨子。而行政范围内的易武，则包括易武正山、曼撒茶山、曼腊茶山以及如今国家自然保护区范围内的广大区域。其中，既有如麻黑、高山、刮风寨等声名显赫的七村八寨，更有如茶王树、弯弓、薄荷塘等一众魅力独特的超微产区。老班章一枝独秀，易武却是群星璀璨。

其次，我们对普洱茶的传统认知，乃至中国茶的传统认知，从来都不是简单的"霸气浓强"所能概括的。

喝普洱绕不开易武，喝绿茶则绕不开西湖龙井。作为绿茶中知名度最高的茶类，讲生态，有许多比它更优秀的产区；论工艺，今天制茶工艺日臻成熟，差距也很小；说特点，它甚至不如安吉白茶般令人印象深刻，那为什么西湖龙井依然能够牢牢占据绿茶中最具代表性的主流品类？中国茶百花齐放，消费者也是审美各异，我们在意它的生态环境、工艺水平、历史与人文价值的同时，也关注茶汤的本质，丰富细腻、平衡协调的风味特征，才是我们审美认知的底色。

"君子矜而不争，群而不党"。易武茶一山一味，各自鲜明，但又融合在易武细腻、丰富的大产区特点之下，共同组合出易武茶庞大复杂的香气、口感、滋味的数据库，以及其耐人寻味的味觉密码。这样极为丰富的产区肌底，让易武味绝非简单几个词语能概括清楚的。

　　这十数年里，我们通过对易武产区的深耕和探索，总结出以古曼撒茶山为核心的花香带、以易武正山为核心的蜜香带、以同庆河为核心的原野香带等这一套方法论，来帮助人们在易武茶的庞杂体系下，快速辨别判断易武茶。又或者说，仅仅从这一规律的探索上，就又为易武茶的复杂多样性，平添了佐证。

班章茶是豪放派的代表，但单单用"香扬水柔"四字概括易武茶，其实有点以偏概全，因为茶大多都有"柔"的一面。"守静"，并非不动，而是不躁。易武茶更像是"丝绒里的铁拳"，温文尔雅却又不失力度，复合饱满又富于变化，刚柔并济，余韵悠长。

普洱茶不谈时间不以成茶。而相对于班章茶在新茶上就霸气浓强的先声夺人，易武茶的稳健锐气往往是在后期才会慢慢呈现。霸道汹涌而来，不可持久，王道内外兼修，方有后劲绵长。

不急不躁、厚积薄发。易武茶，更像是一位充满传统中国人性格特征的谦谦君子，宽厚内敛，维持着中正平和的气度，把各个小产区兼收并蓄，各吐茶香。颇具儒家施仁义而王天下的王者风范。

易武茶当道，自始至终都不是一个偶然的味觉现象，而是国人骨子里的文化基因就决定的大道和必然。易武味之道，就是中国人骨子里的"王道"。千百年来，这些相似的风骨，浸染进中国人的灵魂。品质与人文的底色，让易武茶斗转星移几百年，一直都是茶人的共识。

经典普洱
的原乡

　　从西双版纳州府景洪往东约 120 公里，从勐醒绕着盘山公路上到大垭口的地方，一处昭示你即将进入易武的巨大牌坊，牌坊上"易武——中国贡茶第一镇"两列金色大字赫然在目。

　　而从景洪往西大约 50 公里，沿 214 国道翻越南糯山进入勐海县城，县城入口处一座假山上"中国普洱茶第一县·勐海"的广告格外显眼。

　　云南普洱茶名重天下，产茶区域如云，但未曾再有两个区域，如易武和勐海这般，激起喝茶人心目中的"瑜亮情结"。

　　事实上，要追溯二者产茶历史的久远程度，其实难分伯仲。但是不同历史时代的因缘，不但让它们的崛起次序分出了先后，也奠定了它们不尽相同的产区底色。

◎ 易武镇入口

◎ 勐海县入口

易武 普洱茶传统的传承者

清雍正年间的"改土归流"，把澜沧江以东的地区划归了普洱府管辖，朝廷正式将普洱茶列为贡茶，易武随之被指定为贡茶最核心的采办地。

"改土归流"后，越来越多的汉人涌入易武种茶、制茶、经营茶。而作为贡茶的核心采办地，为保证茶

⊙ 故宫博物院馆藏的清宫贡茶
（图片由刘宝建老师提供）

叶的品质，在官方的督办之下，易武茶一开始就与皇室对贡茶的高品质标准连接在一起。

"一摘嫩蕊含白毛，再摘细芽抽绿发""万片扬箕分精粗，千指搜剔穷毫末"——几句诗词都是清代七言诗《普茶吟》中对茶农们贡茶制作精益求精的真实写照。

近两百年的贡茶史，无论是紧压茶、散茶、茶膏，

◉ 故宫博物院馆藏的清宫贡茶
（图片由刘宝建老师提供）

不同等级、不同品相，从晒青毛茶到成品茶，都形成了各自特殊的工艺线路和完整的工艺体系。易武制茶方式的传承和进化，一直依据这方土地上代代手口相传的手工制茶工艺和制茶理念。

从清中期开始，易武茶号商号一时大增，易武兴旺鼎盛无二。江应梁的《傣族史》记载："茶市有江内江外两区，江内以易武为中心，江外以勐海为中心，江内以制造圆饼茶为主，即一般所谓普洱茶……江外以制造藏庄紧茶及砖茶为主……"

然而到了民国抗战年间，普洱茶的中心开始从澜沧江以北的易武，转移到澜沧江以南的勐海，普洱茶的格局也从传统慢慢走向现代。

勐海 普洱茶现代化的开拓者

从晚清开始，迫于时代的危机感，整个国家都在大力倡导现代茶产业，云南各地也都掀起了一轮茶叶种植的浪潮。时代的浪潮把普洱茶中心从易武逐渐转移到勐海（彼时称"佛海"），并不是偶然的。

先是1913年开始，澜沧江西岸的"改土归流"，勐海逐渐摆脱了近千年的封建领主统治，为经济文化的崛起提供了社会条件。

其次，勐海打通了从缅甸销往南洋，以及国内川藏等地的销售通路，而且英国人在缅甸修了铁路公路，大大缩减了路程周期。

这是一个呼唤工业化、产业化的时代，可以说，更具现代性的交通、规模、地缘政治、社会条件等，为茶业重心的转移准备了诸多基础。

1937年抗战全面爆发，迫于日本人的压力，法国切断了中国经越南老挝的出海通道，易武茶往东南亚的商路被迫中断。

1938年，受当时中国茶叶总公司委派，毕业于法国巴黎大学的范和钧先生与毕业于清华大学的张石城先生，带领90多位茶叶技术工作者赴勐海筹建茶厂。

1940年，佛海实验茶厂正式成立。"这是普洱茶

◉ 勐海茶厂老照片

的历史上，第一个以进口机械生产和高学历技术人员为主的茶厂"，它从一开始就摆脱了传统作坊的手工制茶生产方式，奠定了普洱茶现代化的产业基础。

时至今日，当年的佛海实验茶厂几经蜕变，已成为普洱茶行业的龙头企业，企业掌门人骄傲地表示："勐海茶厂是当之无愧的现代普洱茶工艺的开创者。"当然，也由此开启了普洱茶的另外一套味觉系统。

大厂时代的工业化味觉体系

在李佛一写于 1939 年的《佛海茶叶概况》中，对当时已经定型的七子饼工艺有所描述："以黑条作底曰底茶，以春尖包于黑条之外曰梭边，以少数花尖盖于底及面，盖于底部下陷之处者曰窝尖，盖于正面者曰抓尖。"

"黑条"，就是七子饼茶的主体，按照茶叶级别的评定，属于中下等级。用于盖面的"春尖"等级高于"黑条"。盖占30%，心占70%，选用的普遍是6级到8级的茶菁。

这样的原料格局，一直延续到中华人民共和国成立后的勐海茶厂。因为当时普洱茶的外销市场多为中国香港和东南亚的茶楼，要求就是耐泡和价格实惠，这样的产品也符合市场需求。

计划经济时代要做一款茶，首要考虑的不仅仅是滋味口感，还有能不能保证持续生产。当全省不同产区、不同季节、不同等级的原料都集中在少数几个大厂的时候，"大拼配技术"的扬长避短，改变了历史以来毛茶分季节、档次分别加工的精细化传统制茶方式。

与此同时，为了提高茶叶的产量，出口创外汇，从20世纪60年代开始，西双版纳开始种植高密度的新式茶园，由于老式茶园品种混杂、植株稀少、产量低、效益低，不少老树、大树还被砍伐做了品种改造。

◎ 勐海茶厂老照片

◎ 勐海茶厂老照片

"到 2000 年为止，勐海县的茶叶产量，从全省第三变成了全省第一，亩产由 42 斤到 138 斤（1 斤 = 500 克），这样巨大的茶叶产量是勐海县如今可以容纳 300 多家大小茶企的基础。"

但是为增产做出的努力，很快变成了时代开的一个巨型玩笑。历史的车轮滚滚向前，那些习以为常的价值体系，不久又走到了一个重新定义的拐点。

易

武

个性化时代的味觉价值重建

　　20 世纪 90 年代，中国港台、东南亚的茶人、茶商开始纷纷入滇朝圣，一种新的认知开始建立——他们认为百年以上树龄的茶树，没有施放化肥、农药，在大森林里与其他树木共生长，深得山野之气，与人工密集种植、严格管理的台地茶迥然不同。

　　而其中最具影响力的一群朝圣者，莫过于 1994 年造访易武的那群台湾人，他们在"号级茶"的感召下，抵达了易武。他们不光是走走看看，还在大半个世纪之后，工业化制茶当道的时代，重新追忆并带动了普洱茶传统制茶工艺的复兴。

　　从此，从易武开始，人们对"古树""台地""纯料""拼配"有了认知，对"晒青的好处""石磨压饼的松紧度"等工艺细节有了探讨。

　　也是从易武的"96 真淳雅""99 易昌号""99 绿大树"等名品之后，后来又有了"班章大白菜"，再到冰岛、昔归、时下的曼松、薄荷塘……直到今天各大山头的齐头并进。

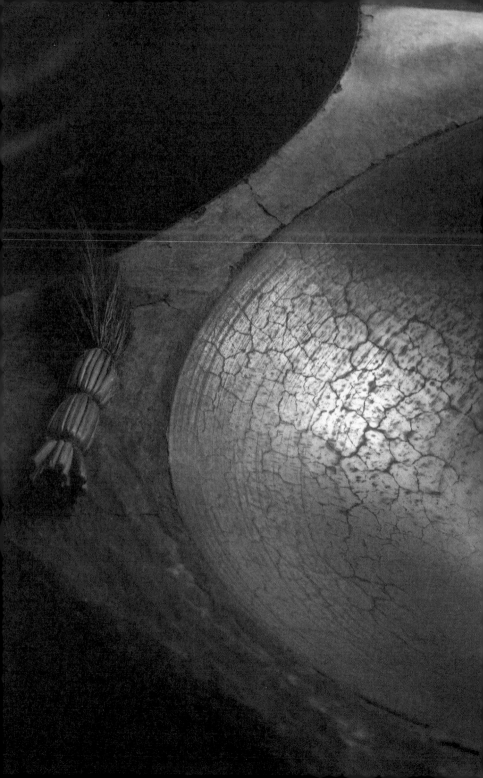

从易武手中接过时代接力棒，勐海开启了工业化大厂时代。但也是又从易武开始，无差别的工业化制茶模式再次瓦解，精良用料与考究工艺为导向的个性化时代开始到来。

◎ 易武茶区的传统制茶方式

易武 茶人的原乡

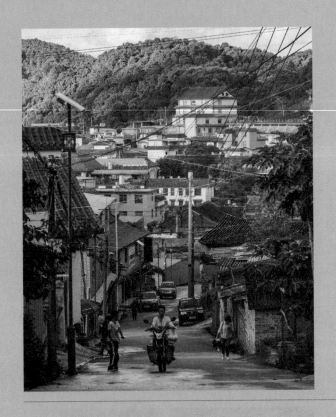

　　易武牌坊过后，顺着那条狭长的公路，可以一直抵达易武古镇。这个两山环抱间的马鞍形古镇，迄今依旧鲜有平地。青石板路指引向北，一路皆是茶庄、作坊。

打从原料选择开始，采摘、摊晾、炒青、揉捻、干燥……一整个初制环节，不少易武人依旧坚守最传统的手工制法，因为他们认为这样才能做出一杯好茶。

　　而从景洪去往勐海，必然要经过八公里工业园区——这个集中了勐海茶业大半壁江山的地方，一路茶厂、茶叶批发市场、品牌专卖店层出不穷，而勐海茶山上的子弟们，不少也已经走下山来，来到这些地方务工，成为现代化茶产业链条上的一分子。

◎ 如今茶厂林立的勐海八公里工业园区

2018 年，勐海县的茶业综合产值突破百亿，基本实现了在茶园面积、茶叶产量、产值、品牌、税收等多个"中国普洱茶第一"的目标。不断提升种植、生产等质量标准体系的建设，以及品牌化的建设，勐海在普洱茶的现代化道路上，已经远远超越其他产区，带领普洱茶攀上一个新的高峰。

相对勐海在茶产业上的"做大做强"，易武却在"小产区""微产区"的路上越走越远。这里没有大厂林立，更多的是小而美的精品茶庄和更为分散的产业发展。

传统的加工技术、生产工具、产品标准、饮茶习俗仍在延续。历史遗留下的文化基因，又在不停地给易武动力和启发，创造新的价值。

从七村八寨，到后来时隔一两年就会爆红一个的"超微产区"，易武像喝茶人毕生修不完的一门功课，不停地更新着我们对普洱茶的认知。

有人说，勐海和易武，就像茶叶界的"波尔多"和"勃艮第"，一个强调"先进"，一个固守着"传统"。

勐海保持着与时俱进的活力，不断拓宽着普洱茶外部的市场边界，把越来越多的人带进普洱茶的世界。

而易武则坚守着普洱茶古典主义的魅力，让爱上普洱茶的人找到茶叶的原乡——追寻着易武，就找到我们的味觉传统，同时又进化出一个比传统更为精细的未来。

第二章

易武风土

风气和，土气养

易武风土，峰峦叠嶂，自成万千气象

土高曰丘，谷深为壑

经丘寻壑，阡陌纵横，方识山川面目

易武的
版图

凡花大都是五瓣，栀子花却是六瓣。山歌云："栀子花开六瓣头。"栀子花粗粗大大，色白，近蒂处微绿，极香，香气简直有点叫人受不了，我的家乡人说是："碰鼻子香"。栀子花粗粗大大，又香得掸都掸不开，于是为文雅人不取，以为品格不高。栀子花说："去你妈的，我就是要这样香，香得痛痛快快，你们他妈的管得着吗！"

——汪曾祺《草木人间》

彩云之南　万物痛快生长

汪老笔下的栀子花洒脱肆意。在云南，万物皆洒脱肆意、痛快生长。人们将云南称为"化外之邦"，特殊的地理位置，反而让云南保留了原始的烂漫本真，根本不在乎是不是被"文雅人所取"。

在祖国众多省级行政区中，再没有一个名字，比"云南"更加妙曼诗意、引人遐思。相传汉武帝夜梦彩云，遣使追梦，因置云南县。此后这片地域曾设过云南郡、云南赕、云南州，"云南"两字一直沿用。

◉ 易武大山里不知名的白花

古六大茶山
云南之南 国境之边

  云南的最南端，西双版纳以神奇的热带雨林与民族风情闻名天下。被称为"东方多瑙河"的澜沧江贯穿版纳南北，从勐腊奔腾出国境。

  勐腊是傣语，意为"盛产茶叶之地"。这里云海

茫茫、青山连绵、民风绚丽，高达 88% 的森林覆盖率，让勐腊成为全世界同纬度地区植物生长最密集、植物种类最丰富的地区，素有"动植物王国"和"物种基因库"的美誉。

澜沧江流经勐腊，两大支流南腊河与罗梭江润养着古六大茶山的生灵。南腊河是澜沧江出国境前的最后一级支流。当地百姓认为她是勐腊的母亲河，博大深沉，数千年来与罗梭江一起哺育着两岸的座座茶山。

◎ 澜沧江

◎ 孔明山

易 武

传说佛祖释迦牟尼路经该地驻足讲经，当地百姓烹茶敬以解渴，佛祖饮罢啧啧称赞，将半碗茶汤往身边倒去，幻化成一条美丽蜿蜒的河流，百姓称之为"南腊河"，意即茶水之河。

从景洪出发，顺着昆磨高速至勐仑下道，沿着G213国道从勐醒上坡进入S218省道，大约两个多小时就可以抵达易武。

但我们决定顺着澜沧江的流向，穿过密林和河谷，蹚过时空的河流，沿着古六大茶山的足迹，与易武来一次最亲密的接触。出景洪，经攸乐茶山，翻过石梁子，翻越孔明山，经莽枝、革登一路东行。

孔明山顶有一块平台，称为祭风台。据《新纂云南通志》记载："祭风台在（普洱）城南六茶山中，其上可俯视诸山，俗传武侯于此祭风，又呼为孔明山。"

古六大茶山的山民尊孔明为茶祖，世代相传，虔诚供奉。2017年立孔明雕像。每到易武斗茶会期间，各民族同胞盛装而来，载歌载舞，公祭茶祖。

再往前，就到了象明，往北可到倚邦，在倚邦老街驻足停留，残垣断瓦间犹见历史幽寂。继续往前，一路往东疾驰，过了蛮砖，就快到易武地界了。

这一程山势绵延起伏，沟谷纵横相连，前一阵在山腰尚雾气朦胧，不一会儿便冲出云层俯瞰云海翻腾，晨间山顶寒意阵阵，下到河谷又是一片暖阳绿意葱葱。有经验的当地司机师傅把车开得飞快，不时在蜿蜒的山路上急转盘旋，第一次上山的朋友往往心惊胆战，双手不敢离开扶手。

打开车窗，润泽的山风拂过，远处层层叠叠的青山与随风飘移的云彩，让人心旷神怡。

丈量易武的地图

渐渐的，那座朝圣之地近了。

进入易武第一个寨子便是高山寨，寨子因居高山峰顶而得名，四季云雾缭绕，植被茂密。原住民是彝族香堂族的一支，数百年来世代相传着植茶、制茶的习俗。寨子周边的山地茂林里，都藏着散落的古茶树群落，几乎没有人为干预和破坏的痕迹。

据村民讲，政府号召砍树种粮时，高山的香堂人懒得动手，置之不理。砍什么茶园？扛起枪上山打猎去！

◎ 易武镇

于是，大片古树茶园幸运地保留下来，这也是易武茶区目前保存最为完整的成片古茶园。

旧时的土路已经修成柏油路，顺着大路继续前进，山峦薄雾，悦耳的鸟鸣时不时地钻进耳朵，穿越大垭口易武牌坊，古镇近在眼前。

易武生在山岭之间，平地极少，古镇依山势而建，没有规整的结构。新与老在古镇交汇，新街在叮叮当当地建设着，一派热火朝天的景象；老街在静静地、默默地守望着，史册里赫赫有名的易武茶庄茶号，历劫而幸存者，仍可在老街上寻到。青石板的茶马古道，将旧时辉煌继续向着未来延伸。这里，早已成为无数茶人的朝圣之地。

不到易武，怎敢妄谈普洱茶？

沿着易武古镇往北，大约十五分钟就来到易武正山第一个大寨子——曼秀。村口的石碑记载，此地有三井清凉饮水而得名曼秀。作为当年茶马古道上的要地，曼秀在易武茶的发展过程中长期扮演着重要角色，润武号与永福号两家茶号都是贩茶骡马百匹以上

◎ 曼秀村口

的大茶号，在整个易武也是风头甚劲。2019 年易武斗茶大会，曼秀一鸣惊人摘得魁首，5 公斤（1 公斤 =1 千克，全书同）原料毛茶拍出 107 万元天价。

出曼秀经落水洞到达麻黑。麻黑是易武历史最悠久的村寨之一，全村以汉人为主，是易武产量最高、最具知名度的经典小产区。麻黑位于易武正山的中心位置，南来北往、交通便利。公路两侧的山坡上都是

◎ 麻黑村寨

满天星式的古茶园，落水洞已经死亡的千年茶王树就在麻黑和落水洞中间的山梁上。因为种茶、制茶历史悠久，品质与产量俱佳，麻黑多年来一直是易武茶的价格风向标。

清代贡茶、号级经典、当代名品，流传于世的经典老茶多有其味，市场上流传着"不喝麻黑，不足以谈易武"的说法。很多普洱茶老饕，对易武茶的审美认知都受到麻黑影响。故而寻到麻黑，驻足当年茶马古道的遗迹，感受茶园生态之盎然，在茶农家饮茶谈天，近距离接触的喜悦，已经充盈身心，不虚此行了。

因此，大多数行旅易武的茶人，也往往止步于麻黑。麻黑之后，行路更为艰难。因为各种历史原因导致的迁徙流转，老寨、茶园以及当年的古道均已斗转星移，茶园往往并不在如今的村寨周边，想要一探深山中的精灵，必须"将生死置之度外"，翻越遮天蔽日的雨林，跨过瘴气横生的河流，在湿滑的小径上冒着生命危险穿行，蚊虫叮咬，野兽惊扰……只有热爱与体能兼具的玩家，才会继续深入。

来，我们一起探幽寻源，寻找雨林更深处的璀璨明珠。

麻黑是易武茶马古道上的枢纽，沿着村口的岔路往东，是刮风寨；向北则进入到曼撒古茶山，再穿过曼腊，一路往北，通往江城。

麻黑往东，经过棺材河，爬过龙家坡这段险峻的山路——龙家坡完全没有字意间路似龙行的美好，道路崎岖险峻，一侧峭壁，一侧山崖，不是山里的老司机常常难以驾驭，每年常有车辆不慎坠下悬崖——一路颠簸来到刮风寨。

刮风寨地处风口，四面环山，水自寨前流，风穿寨而过，因而得名。寨子就坐落于易武最高峰黑水梁子之下，距离中国老挝14号界碑仅3公里左右。

刮风寨是个瑶族寨子，形成时间不算太长，寨子往东是一片坝区，古茶园则多分布在周边的国有林中，如茶王树、冷水河、白茶河、茶坪地等。这些古茶园散落在西双版纳易武州级自然保护区的深处，相距遥远，路途坎坷，采摘颇为不易。

◎ 刮风寨

茶叶兴旺后，擅于游猎的瑶族同胞将茶山先民们散落的古茶园重新挖掘出来，让它们重见天日，成为易武如今声名赫赫的各个小微产区。

麻黑往北，出了大漆树，就进入曼撒古茶山的地界，沿途弯弓、白茶园等诸多古茶园隔山而望，散落在山林之间。曼撒茶马古道两侧的土基残垣仍在述说着当年的兴盛。曾经的曼撒大庙残砖断瓦犹在，残存的青砖中，不知有几块承受过当年游商的虔诚叩拜？

到达丁家寨（瑶族），如今茶叶兴旺，寨子里处处都盖上了新房，几乎看不到瑶族人传统的木楼了。

寨子周边不多的平地里，散种着零星的苞谷，再过上一段日子，它们就是瑶族人重要的娱乐产品。

◎ 丁家寨边上的苞谷地（左图）与瑶族木楼

在茶山沉寂的岁月里，丁家寨经济发展缓慢，村民们过着"种一片，荒一片"的游耕生活，这里的贫穷被演绎为"桃树开花，瑶族搬家；树木砍光，水土流光，姑娘跑光"。

如今易武茶复兴，丁家寨也富裕起来。丁家寨和周边寨子的瑶族同胞，把曼撒古茶园曾经遗落的明珠，又一颗颗捡拾起来，弯弓、白茶园、薄荷塘、哆依树、草果地、一扇磨等众多小微产区近年来都是先后登场，星光闪耀。

从丁家寨出发，往北经滥田就到了曼腊，沿着S218省道，经张家湾、曼乃一路往江城而去。过了曼腊村，山势逐渐低了起来，一条狭长的坝区在两山之间逐渐开阔，沿途的稻田与村庄交相辉映，好一幅农家景象。

过去，张家湾是通往老挝的重要通道。1895年以前，与张家湾相邻的老挝孟乌、乌德地区是中国的领土。号级茶时代名声大噪的陈云号即出自此，据说当年陈云号的原料几乎垄断了曼腊茶山一半的茶园。

抗战前，从易武出发去越南莱州都要经过张家湾，这里曾是马帮歇脚休整的驿站。抗战后，受法国影响，从易武往东去往老挝、越南等地的商道被迫中断。张家湾、丁家寨老寨（汉族）逐渐荒废，后来才逐渐搬迁到现在S218省道边的坝区上来。

但是祖先种下的茶园无法迁徙，如今寨子里的村民每逢茶季，仍得走上十多公里的山路，翻山越岭去到山中的古茶园采茶。

从张家湾一路往北就是江城地界儿了。

我们将视线拉回易武古镇，去看看易武古老而又容易被忽略的一片地界。

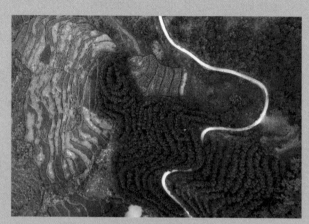

◉ 张家湾地势
开始逐渐平缓，
坝区中水稻种
植也较为普及

◉ S218省道，
一路通往江城

从古镇出发，根据道旁勐腊方向的指示牌，经三合社沿着曼它拉公路一路向东，过了洒代，就到了瑶区（全称是瑶区瑶族乡，也是西双版纳唯一的瑶族乡），中山寨、布龙河寨就坐落在公路右侧，村寨临河而建。

中山寨、布龙河寨等名号或许大多数人都会感到陌生。但是同庆河、百花潭、金厂河，甚至到近两年才冒出的百花箐、蟒蛇箐等，在茶友心目中却如雷贯耳。这是一个颇有意思的现象，小微茶区大名鼎鼎，

寨子名称却闻所未闻。茶山在易武,村寨在他乡。

　　理解这样的现象,要从易武的民俗讲起。易武是一个民族融合变迁的多民族聚居区,茶山先民们在开发易武的过程中种下了无数的古老茶园。随着时间的推移和诸多历史因素影响,村寨迁徙,不少茶园逐渐荒废,淹没在了易武的苍茫群山当中。而同庆河等便在其中,后来这些茶园逐步纳入国有林和国家级自然保护区内,茶在深山人未识。

易

武

◎ 易武古茶园分布示意图

地图标注

往江城

曼乃　小房　张家湾　天门山　马叭
大寨　汉丁家旧寨
张家湾
汉族丁家寨
朱石河　帕溪河　一隔磨
曼腊　哆依树
王子山　背阴山
曼松寨　　薄荷塘　草果地
大荒坝　老杨家寨
曼洒　澜田　杨家寨旧址
帕扎河　象明岔路　瑶族丁家寨　凤凰窝　冷水河
往象明　　下　　岁月知味基地　黑水梁子
上　曼洒旧址　弯弓
白茶园　茶王树
大漆树　岁月知味基地
岁月知味基地　高山寨　麻黑
三丘田　白沙河　刮风寨
易武大丫口　落水洞
岁月知味茶厂　曼秀　龙家坡
荒田　刮风寨坝子
易武　新三合社　茶坪
老街　旧三合社
公家大院　田坝　铜箐河　百花潭　金厂河
洒代　布龙河
新纳么田
往勐醒　易比　中山　布龙河寨
岁月知味铜箐河初制所
往勐腊

图例

━━ 省道　　　　🌲 古茶园　　■ 岁月知味茶厂
━━ 柏油/水泥路　○ 村寨　　　■ 岁月知味初制所
━━ 土路
‧‧‧ 摩托车道　　⛰ 山　　　　■ 岁月知味有机基地

老

挝

国防通道

易武的少数民族中有一个不成文的规矩，无主茶园由先发现者所得。随着易武茶逐渐兴起，中山寨的瑶族兄弟举全族之力去往山间寻茶，渴了饮山间的露水，饿了摘林中的野果，风餐露宿，夜以继日。终于，当年先民们在原始森林中种下的一片片古茶园，与我们再次相遇。

"七村八寨"里找不到它们的名分，但它们同样是易武重要的组成部分，更是易武茶多姿多彩不可或缺的一部分。

穿越、蜿蜒、探索、寻源，邂逅古镇，深入密林，由中国而云南而勐腊而古六大茶山而易武，这一幅绿意盎然、云海苍苍的画卷，徐徐展开。

浓墨重彩，在易武茶区铺开，七村八寨分布在古老的茶山脉络……跟随着我们的视角，开启茶山地图。这样一个初印象，也许能为你深入了解易武，提供更具轮廓感的对照。

解密三大香带

茶，一片神奇的东方树叶，它的香气丰富而又奇妙。目前，茶叶中被分离检测出的芳香物质总量已达700余种之多。

视觉、听觉、嗅觉、触觉，都能给我们带来直观的感官感受，茶叶的专业审评，也往往从这方面去观察外形、汤色、香气、滋味、叶底等具体的感官指标。

而唯有香气，从口鼻、喉齿间穿透身体，沁润心脾，似有无尽的魔力，丝丝缕缕间，挑动着爱茶人的心弦，让我们最能感受一杯茶的无尽美妙。或似花、似蜜、或似果、似木，或清香、陈香，它总能通过直观的嗅觉感受，带给我们在不同状态下多样的香型体验。

而同时，它也是一杯"可以品味的香水"，茶汤入口，盈于齿间，传递属于茶汤特有的香韵，或优雅、或浓烈，或沉稳，或灵动……

而茶之上者，从不会止于口鼻间的美好，茶汤入喉，回味幽长，香气通过神经传导到大脑中枢，善品者往往可以激发精神层面的愉悦与放松，我们不妨将此称之为香意。

此间之茶，"可以清心也"……

易武茶的三大香带

目前，整个普洱茶市场对于易武的认知，几乎都沉浸在"香扬水柔"这四个字之间。而我一直认为，这四个字并不足以形容易武茶的风格，易武茶真正的风骨应该是它的王道。

然而仅仅"王道"这两个字，并不能直观解读易武茶的多样性。

岁月知味深耕易武15年，已发展成为易武茶区的领军品牌，掌握着易武茶最优质的原料及最核心的技术，我们研发团队中的核心人员，几乎都走遍了易

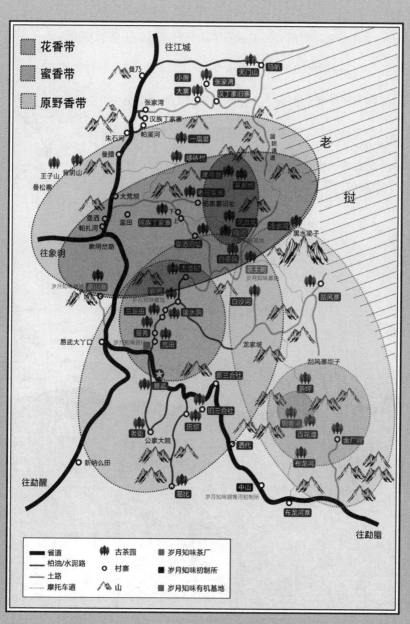

花香带

蜜香带

原野香带

往江城
曼乃
小房 张家湾 天门山 马叭
大寨 汉丁家旧寨
张家湾
汉族丁家寨
朱石河 帕溪河
一扁寨
曼腊 够伙丹
国防通道 老
王子山 背阴山 茶腰咀
曼松寨 老杨寨新 曼秀坡 挝
大荒坝 杨寨寨旧址
曼秀 凤凰窝 冷水沟
帕扎河 滥田 瑶族丁家寨 下 黑水梁子
上
往象明 象明岔路 曼洒旧寨
白家园
茶王树
岁月知味基地
高山寨 大漆树 白沙河 刮风寨
岁月知味基地 挖水洞
三丘田 荒田 龙家坡
曼秀 刮风寨坝子
易武大丫口 岁月知味茶厂
茶坪
新三台社
★ 瑚簪河
易武 旧三台社 百花潭 金厂河
田坝
老街 酒代 布龙河
公家大院
新妈么田
中山
往勐醒 易比 岁月知味铜箐河初制所
布龙河寨
往勐腊

省道 古茶园 岁月知味茶厂
柏油/水泥路 村寨 岁月知味初制所
土路 山 岁月知味有机基地
摩托车道

◎ 易武茶三大香带分布示意图

武的所有山头，观察研究易武各个山头的海拔、土壤、植被、伴生等与茶树生长环境相关的环节。

　　在不断研究与探索中，发现了规律。经过岁月知味对易武茶区的多年走访调查，将易武茶区从香型上划分为三条香带：花香带、蜜香带、原野香带。

花香带

　　这是以弯弓为核心所呈现出来的一条生长带，与曼撒茶区的重叠度极高。目前知名的小产区，如草果地、凤凰窝、薄荷塘和哆依树等都位于花香带中。

易武花香带具有三个明显的特点：

· 都有着比较强的以花香为主的品质特征；

· 产区分散，产量多数都不高。每个小区域年产量都不过几百公斤；

· 明星产区辈出，价格都比较高昂。这是市场决定的，优良的口感必然受到茶友追捧，追捧过度则会让资源更加稀缺，资源稀缺又导致价格飙升。

上述花香带中的精品小产区，花香馥郁，环境优良，伴生丰富，历来深受茶友追捧。

蜜香带

蜜香带以麻黑中心点，围绕着易武正山渐次展开。

它并不算是大多数人心目中的易武茶顶级产区，但却是构成易武茶最中坚力量的核心产区。

这条香带辐射了落水洞、荒田和曼秀等周边区域。其最核心区域麻黑，蜜香馥郁、汤感饱满。最重要的

易

武

是产量足够，足以支撑整个普洱茶市场对于蜜香带的认知。这也是大多数人心目中的"易武味"。

原野香带

何为原野香？指的是茶叶的山野气韵。以同庆河为中心，顺着刮风寨到麻黑一路往南的大片国有林区，形成了一条原野香带。

倘若要进行准确对位，同庆河所出产之原料，正是原野香带最典型的代表。同庆河茶树依山崖而生，颇有阳崖阴林之感。树根盘绕，枝节交错，深植地底蔓延开来。

从茶树生长的自然环境来看，山高雾重、土地肥沃的同庆河生态自然、腐殖质厚，土壤有机含量高、森林覆盖率高，植物共生生态系统保持良好，是十分难得的茶树生长地。

在这样的生长环境下，同庆河的古茶树高度多在

十几米以上，根深冠大，茶叶叶片肥大，带有特殊"野味"。喝完之后生津爆发力极强，汤厚水甜；茶汤浓稠且清甜，入口微苦、回甘强，极富饱满度与层次感。那是真正属于原野的香！

神奇的茶王树

三条香带的划分，是基于易武风格的基础上，每片区域所具备的突出特点。但三条香带并非孤立存在，在兼具易武茶的风格基础之上，彼此间也相互影响。例如蜜香带上，同样也会具备一定的花香与原野气韵；花香带中越靠近蜜香带的区域，蜜韵特点也越为明显。

而在三大香带的基础上，产生出了一个特殊的焦点，便是茶王树。

茶王树位于三条香带的焦点上，特殊的区位优势，使其兼具花香带、蜜香带、原野香带的特点。揽尽众香带之精华，花香饱满、蜜香协调、原野香强劲，茶王树是易武口感协调度最近乎完美的区域。这是上天赐予易武弥足珍贵的灵物，也是易武众多小产区中的佼佼者。

始于易武，终于易道

易武茶"一山一味"，山头茶众多，而且品质优越，风格鲜明。产区的丰富性和多样性是其有别于其他产区的魅力和亮点之一。

只有更清晰地认识易武，更细致地判别出易武茶的密码，胸有阡陌，才能不断创造出更优质的产品，将易武茶的优点不断放大，可能在香气滋味上更饱满、在苦度涩度上更有力量、在后期陈化上更值得期待。

2008年开始，带着朴素的山头感，我们开始有意识地去挖掘和认知易武的大小产区。逐渐地，花香带、蜜香带、原野香带的概念认知越来越清晰，关于易武茶口感风格的脉络也逐渐成形。

受茶王树的启发，以三大香带的认知作为基础，将易武茶各个维度的优点兼容并包，拼配一款极致易武茶产品成为我们的目标。它以茶王树作为基础，在兼具三大香带特点的同时，在香气滋味上更饱满、苦度涩度上更有力量、后期陈化上更值得期待。

它，就是易道。可以说，易道是易武味道，更是易武之道。

花香带的
秘密

满庭芳·晓色云开

　　晓色云开，春随人意，骤雨才过还晴。古台芳榭，飞燕蹴红英。舞困榆钱自落，秋千外、绿水桥平。东风里，朱门映柳，低按小秦筝。

　　多情，行乐处，珠钿翠盖，玉辔红缨。渐酒空金榷，花困蓬瀛。豆蔻梢头旧恨，十年梦、屈指堪惊。凭阑久，疏烟淡日，寂寞下芜城。

　　秦观一曲《满庭芳》，春光明媚，雨过天晴，燕子轻飞，红花盛开，风舞榆钱，好一片生机盎然的景象。烂漫不过世间花，丝丝入心一壶茶。

　　春花烂漫，生气勃勃，花香往往也给人无尽春意，曼妙婀娜，灵动洒脱的气象，像极了花香带上的易武茶。

易武花香带
天然去雕饰的浪漫花香

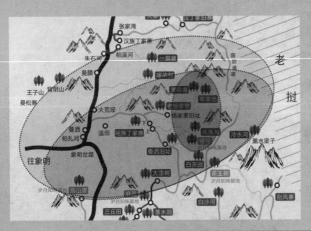

易武的花香带，与老曼撒茶区高度重叠，东起弯
弓、西到高山寨，形成了一条狭长的区域。丁家寨、
老曼撒等位列其中。我们可以这么理解，整个易武的
花香带，几乎都是易武的热门产区。

之前我在三大香带的论述中，探讨过花香带的三
大特点，第一是花香突出；第二是产区分散产量多数
不高；第三是明星辈出，价格都比较高昂。

小微产区
体验花香带的极致魅力

在整个易武茶区的花香带区域里，被市场追捧得最为厉害的是薄荷塘，每年价格高歌猛进，众多茶企都将其作为自家山头茶的顶层产品。

但其实茶友的选择面并没有那么窄，如果想寻求极致，花香带的小微产区，绝对值得更多尝试。包括草果地、凤凰窝、哆依树、弯弓、白茶园等小微产区，春兰秋菊，各擅胜场。

以花香为主体的上述小微产区，所产茶叶花香馥郁，环境优良，伴生丰富，是易武茶当中最优质的区域。

在进入易武十多年的时间里，我很细致地研究了这些产区，甚至率先制作出花香带区域的产品。所以我想将这些细致的区别，一一呈现，或许能帮助茶友更好地读懂花香带。

虽然同在花香带区域，但每个小产区都有着独特的不同，细微之处可见分晓。

比如凤凰窝的汤水非常细腻，花香气尤其外扬，略苦，几乎不显涩味，平衡度极强；草果地香气妖艳而猛烈，冲击感极强，汤香好，生津明显，涩感略显；哆依树香气开阔大气，辽阔深远，却又回味无穷，茶汤刚强有力，绵延不绝，微涩；而薄荷塘则是温润持久，花蜜香细腻迷人，不显涩度，略带苦味。

细看评测结果，我们会发现，单就体验而言，虽然整个花香带的口感都很优秀，但如果就其综合指数进行分析，平衡感与综合性最为优越的，是薄荷塘与哆依树。

花 香 带

打分 (0~10分) 维度\地区	草果地	凤凰窝	下薄荷塘	哆依树
香气	8	8.5	8.6	8.5
甜	8.5	8.5	8.5	8.5
苦	6	5	5	6
回甘	8.5	8	7	8
涩	4	4	4	5
生津	8	7.5	7	8
喉韵	7	7	7.5	8
耐泡度	7	7	8	8

易
武

薄荷塘大家都非常熟悉，无须多言。我们就以哆依树为例，深度体验花香带小微产区的自然生态、茶园风光。

◉ 哆依树的
高杆古茶树

当你走进哆依树，第一印象一定是震撼。足足上百棵高达二十多米的大高杆古茶树，全是没被砍头的，茶叶全都聚集在顶上那一簇，必须攀爬到树梢上才能采摘。

这里位置过于偏远，茶树都生长在石头缝隙中，很难到达，所以在砍树种粮的年代幸免于难。多亏这样的位置，才保留下如此宝贵的古茶树。

这些大高杆古茶树产量并不高，每棵树年产量也不过1~2公斤。按照总量计算，在花香带小微产区中，薄荷塘与哆依树年产约五六百公斤，凤凰窝与草果地年产不到200公斤。

经典产区
风格清晰的清妍流芳

小微产区稀缺的产量与日益高昂的价格，无形中将许多跃跃欲试想要"一亲芳泽"的茶友拒之门外。

但其实花香带的明星产区，如高山寨、丁家寨、老曼撒等地，风格清晰，产量稳定，市场认可度高，价格也更具竞争力，很多茶友将它们作为体验花香带的首选。

我们不妨以高山寨为例，深入了解易武花香带的明星产区。

高山寨，是易武花香带的起点。

高山寨因居高山峰顶而得名，四季云雾缭绕，植被茂密，森林覆盖率高，雨量充足，生态保存完整。这里的茶花香清雅，水路细腻，风格峻朗，滋味甘醇饱满富有层次感，可以说是易武茶中"香高水柔"的明星产区。

昔日王国维"为惜花香停短棹"，今日我们大可不必如此费周章，易武的花香带，如同百花竞放的花园，星星点点，优雅灵动，等待着随时与你心意相通。

易

武

蜜香带的秘密

青玉案·元夕

　　东风夜放花千树，更吹落，星如雨。宝马雕车香满路。凤箫声动，玉壶光转，一夜鱼龙舞。

　　蛾儿雪柳黄金缕，笑语盈盈暗香去。众里寻他千百度，蓦然回首，那人却在，灯火阑珊处。

◉ 航拍茶园

辛弃疾的词总是豪放之间透着清晰的力量感，前边尚在描述元夕花灯千树、宝马雕车、凤箫声动的节日盛况，笔锋一转，众里寻他千百度，金粉之间佳人自有超群之姿。

蜜香，既表达了一种香型，也处处透着馥郁浓烈之意，给人以丰满盈润之感，所以常常也谓之蜜韵，香到浓时自有气韵。

而易武的蜜香带，也恰似"众里寻他千百度，那人却在，灯火阑珊处"。蜜香带最核心的产区便是从荒田、曼秀、落水洞、麻黑一线慢慢散开，与易武正山的区域几乎雷同。

我们不能考究的是，多年以前，是哪些人最早走进的麻黑或者落水洞，但我们可以考据的是，这是整个易武复兴的源头之一。曾经在普洱茶玩家圈子里盛传一时的麻黑也正基于此。

它并不算是大多数人心目中的易武茶顶级产区，但是它却承载了整个市场对于易武的主体认知。它是易武最主要的山场，最标准的中坚力量。

蜜香带上
流淌着易武正山的血脉

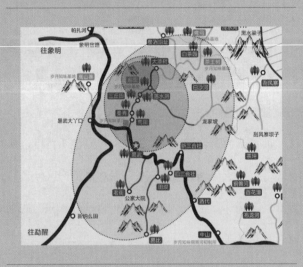

◎ 易武蜜香带分布示意图

　　蜜香带范围也几乎囊括了整个易武正山区域，这片茶区开发时间较早，开发较为充分，茶园经过深度驯化、改良，风格中正平衡、蜜香馥郁。因其具备注重茶园管理、生产工艺成熟、产量稳定且巨大、交通便利等诸多优势，成为易武茶"中流砥柱"，也是大多数人最早接触到的"易武味"。

以麻黑为例，麻黑位于蜜香带最核心区域，是在普洱茶市场中声名赫赫的经典小产区。麻黑茶风格醇厚饱满，蜜韵凸显，是易武茶中"中正平衡"的典范。更为重要的是，麻黑还具备足够的产量，能够支撑起整个普洱茶领域对蜜香带的认知。

麻黑的面积，在整个易武区域中都名列前茅，故能细分出诸多小微产区，如郑家梁子、石门坎。

在蜜香带的基础特点之上，郑家梁子的茶叶滋味饱满、浓强度高、后期陈化价值很高，因其树龄与生态优势，轻易能感

◎ 麻黑村寨

受到阳刚之气；而石门坎的大树，量更大、气更足、韵更厚，在资深玩家手上极易制成有特点的好茶。

蜜 香 带

打分(0~10分) 地区 维度	麻黑	落水洞	曼秀	荒田
香气	8	7	8	6.5
甜	7	7	7	6
苦	5	5	4	5
回甘	8	7	7	6
涩	5	6	6	5
生津	7	7.5	8	6
喉韵	7	7	7	6.5
耐泡度	7.5	7	7	7.5

相较麻黑而言，落水洞的汤感会要弱一些，水路更为柔细，饱满度较麻黑弱。而曼秀的花香更为显著，遗憾的是苦涩度略高，汤底和汤感构成的滋味略逊于麻黑。

事实上，看似平常的蜜香带似乎没有特别多的顶级小产区，但它却奠定了易武茶最初的传奇。不可否认的是，作为易武最早为人所熟知的区域，整个蜜香带都还有被低估和深入挖掘不足的问题。这也是我们前边所说的"众里寻他千百度，那人却在灯火阑珊处"。

易

武

中流砥柱
大多数人心中的易武味

　　就蜜香带在所处区域而言，这里其实是易武最容易到达的优质产区。如今去到落水洞、麻黑都只需半小时车程即可，几乎不需要走山路。

◉ 落水洞的茶园散落在寨子周边的山林里

　　但遗憾也正基于此——曾经在落水洞被发现的全西双版纳州第六号古茶树的茶王因为被来往游客、茶人茶商过多打扰，在2017年8月的时候发现其已经死亡。

尽管易武政府设置了一些保护措施，但却挡不住热情如火的参观者和游客：爬树留念、摘叶纪念、采芽体验……最后造成了茶树底部塌陷和土壤的板结——茶王树的死亡已经不可避免，唯愿这对于未来，有些警醒作用吧。

虽然近年来在普洱茶玩家的圈子里面提到易武就言必称薄荷塘、弯弓、百花潭、同庆河，但不可否认的是，作为易武最主要的山场，蜜香带是最标准的中坚力量，它承载了整个市场对于易武的主体认知。

我们在这里暂且不论这样的认知对错与否，但既然易武因为这样的认知而被市场所接受和追捧，那么这就意味着这样的口感认知符合普洱茶圈子的审美。

我们一直致力于在整个蜜香带梳理出更细致的区域档案、口感变化、水路变化。但也正因为蜜香带的面积和口味的变化性，造成在这里能做出一款口感维持稳定的普洱茶，是一件不太容易的事情。

江湖上有一句话说的是："每家的麻黑都不一样"，这其实也是蜜香带的魅力所在。做好蜜香带的

◎ 已经仙逝的
落水洞茶王树

茶对于技术和原料收购的管控而言，无疑
是最难的。不过，在岁月知味的产品线当中，
蜜香带的茶我们不能说是所有产品中最好
的，但一定是具备标准口感的。

　　笑语盈盈暗香去，蓦然回首，方懂它
的超群之姿。

原野香带
的秘密

改编自《郑少烘说易武第九章 |
易武密码之六：蜜香带的故事》

《水龙吟·古来云海茫茫》

古来云海茫茫，道山绛阙知何处。人间自有，赤
城居士，龙蟠凤举。清净无为，坐忘遗照，八篇奇语。
向玉霄东望，蓬莱晻霭，有云驾、骖凤驭。

◎ 同庆河

行尽九州四海，笑粉粉、落花飞絮。临江一见，谪仙风采，无言心许。八表神游，浩然相对，酒酣箕踞。待垂天赋就，骑鲸路稳，约相将去。

这首《水龙吟》，描绘了苏东坡的理想仙境。上阕云海茫茫，清净无为的仙境风采，或许在杳无人至的原野香带中，能觅到一二。

下阕中的东坡自况，初见便为其风采所折服，便"无言心许"，与我初识同庆河的心境何其相似！

佳句好词，让人千百年后依然心意相通；密林茶香，则让人饮之忘忧，如独坐山中见云海苍茫。是以此阕词牌为引。

何为原野香？

原野香一词，并不见于典籍，也未录入普洱茶国标中。从严格意义上讲，这是一个生造词。这可能是三条香带中最难以描述的香型，它并没有对应到花香、草木香等具体参照物。

原野香，更多的是一种原野气质，是一种难以言喻的雄浑饱满、狂放不羁，裹挟着独特的山野气韵。这种山野气韵，带领我们"神游八表"，顺着丝丝缕缕的香气，飘然而至那一片片古老又隐秘的古茶园，闭上眼感受万物杂生的自然与野性。

◎ 同庆河古茶园

原野香带的茶树生长环境优越，甚少被人类打扰，甚至完全与世隔绝。所出产原料果胶质含量高，故而质地较重，茶汤浓稠度高，入口微苦，但极富饱满度与层次感。连饮三杯，体感较好的茶友身体迅速发热，

原 野 香 带			
打分 地区 (0~10分) 维度	同庆河	茶坪	金厂河
香气	8.5	8.3	8
甜	7	8	8
苦	7.5	6	6
回甘	8	8	7
涩	3	4	5
生津	8	8	6
喉韵	8.5	8.2	7.5
耐泡度	8.5	8.5	8

手心出汗，这就是所谓的"茶气十足"，也是"野韵十足"。

以同庆河为中心，顺着刮风寨到麻黑一路往南的大片国有林区，形成了一条原野香带。其中的茶坪、金厂河、百花潭等超微产区，都具备比较强的山野气韵。

野芳之境，原野香气各有不同。同庆河雄浑粗犷，爆发力十足；百花潭则有着独特的百花芬芳，妖冶迷人，森林气息浓郁。

从同庆河感知原野香

倘若从未踏足同庆河，我们对原野香的所知所解，可能只是雾里看花。同庆河，又名铜箐河，以河流名称命名。在行政上，同庆河属于勐腊县瑶区瑶族乡，归属于中山上寨和中山下寨，海拔在 1450 ~ 1900 米之间。

通往同庆河，是体能的极限考验之旅。从易武古镇到同庆河有几十公里路程，山高林密，地广人稀。由洒代方向进入，是仅容两辆车通行的坑洼砂石路，道路狭窄，弯道崎岖。但无论从哪里驶入，车至中山寨，便只能步行。

沿着林间小径往里走，首先让你震撼的是千姿百态的原始森林之美，参天树木上长满了野生石斛、野果、菌类，五彩斑斓的花朵开得繁盛，韶华胜极。

"眼睛在天堂，身体在地狱"，形容这一段旅程再适合不过。潺潺流水引领着你走向原始森林更深处，近一个小时的水路，已然精疲力竭，再往前，是蜿蜒曲折甚至略带危险的艰辛旅程，时不时便有山穷水尽无路可进之感，手脚并用攀爬过去，便是另一番风景。

◎ 古茶园

　　陆羽《茶经》有云：茶树最喜"阳崖阴林"。及
至同庆河茶园，看到的正是这样的场景，茶树多依山
崖而生。树根盘绕，枝节交错，深植地底蔓延开来。
"山路元无雨，空翠湿人衣"，同庆河山高雾重，峰
峦叠嶂里绿荫遮天。这里生态自然、腐殖质厚、土壤
有机含量高、森林覆盖率高，植物共生生态系统保持
良好，如此山川精华，才能生长出这珍贵的灵芽。

　　茶园里，大部分茶树在森林中散生生长，形成独
有的自然杂生林现象。日照系数较为合理，生长的速
率较慢，采摘频率低。这样的生长环境，让同庆河的
茶树高度多在十几米以上，根深冠大，茶叶叶片肥大，

带有特殊"野味"。但茶地仅存的古树林稀疏，产量极少，且茶不聚集，太过分散，难以集中观察，费时费力，采摘难度较大。

只有最优良的生态环境，才能生长出最为动人心魄的好茶，同庆河这片净土，将"生态"二字诠释得淋漓尽致。

易武茶风味的补充与丰富

站在时间的维度回看，整条原野香带，因为深藏原始密林中，在易武茶中并未拥有"名分"。

直到2011年，岁月知味率先进入同庆河，第一款"同庆河"产品才得以问世。当时即使在业界，这款茶也鲜少人知晓，互联网上更是难以搜索到"同庆河"的任何信息。但我对同庆河初见倾心，极强的生津爆发力，汤厚水甜，茶汤浓稠且清甜，入口微苦回甘强，极富饱满度与层次感，这样的"野"，这样的茶品，谁会舍得弃之不顾？

也是在2011年，我决定全面进入同庆河，我坚信这片区域必将傲视群伦。到2017、2018年春茶期间同庆河的大火，让这个信念得到了高度印证。

如果说苏轼的词,突破了"词为艳科"的传统樊篱,意境开阔,开创豪放清旷一派,那么最晚被挖掘的这一片野芳之境,就是对易武茶的重新寻回与进一步丰富。在清新灵动的花香、馥郁沉稳的蜜香的香型风格之上,我们重新找回那一种粗犷的原始森林气息,丰富了易武茶的山野气质。

◎ 同庆河的早晨

中流砥柱
——麻黑

三更起，五更歇，顶烈日，沐风雨。嘚嘚的马蹄声疾，烟尘飞扬，马锅头敲响铜锣，马帮浩浩荡荡地从老挝一路行来，从天蒙蒙亮一直到天黑，终于来到"大路边"，天已经是将黑未黑了。

马帮一行人无声而恭敬地前往关帝庙，悄然穿过贴着"匹马斩颜良河北英雄皆丧胆，单刀会鲁肃江南弟子尽胆寒"对联的门口，拜武圣祈求护佑一路平安、保佑财源广进。

因当地方言管天色将黑为"麻麻黑"，长此以往，也就把"大路边"改叫"麻黑"了。

如果说易武是茶人绕不开的普洱重镇，那么麻黑就是易武绕不开的正山名寨。曾有资深茶客放言，如若将普洱茶的历史浓缩再浓缩，可能勐海临沧都不在了，仅剩下易武。若是将易武小产区茶历史再浓缩，

易

武

就没有了薄荷塘、刮风寨，唯有麻黑，一直都在。麻黑的地位，怎么强调都不为过。

它是易武人口最多、古树茶产量最大的寨子，是易武茶的中坚力量；它位于茶马古道枢纽，是易武成名最早的经典名寨；它是易武正山的中心，易武经典名品多源于此；它是蜜香带的典范，是易武口感的基准标杆，是易武寻茶路上绕不开的必修课。

⊙ 四通八达的麻黑寨子

"大路边"的寨子

"麻黑"这个名字，初听令人费解，但经过我们文章开头马帮的故事，大家也就能理解为何一个汉族寨子会叫这么个古怪名字。"麻黑"曾用名"大路边"，就很直白地说明了麻黑地理位置之便利。

易武是茶马古道的起点，而麻黑是茶马古道的枢纽。今日从易武大街往东北方向，大约 10 公里，就到了麻黑寨。昔日路难行，青石板大道上人背马驮，马帮从老挝出发，第一天所到达的住宿地，即是麻黑。

麻黑可谓四通八达，往西北通过倚邦去思茅，往东北经张家湾去江城、老挝、越南等地，往东则通过刮风寨至老挝。

核心枢纽的交通区位，是成就麻黑地位的关键。麻黑在贡茶时期已经名声在外，直到现代普洱论山头，麻黑自立门户，是易武"七村八寨"中成名最早的经典名寨。直到今日，许多茶人来到易武，依然将麻黑列为茶山行的必达之地。

易武茶的中流砥柱

麻黑是易武历史最悠久的村寨之一，"一座易武山，半部普洱史"，在易武茶山浓墨重彩的历史荣耀中，麻黑居功至伟。

麻黑是汉族寨子，文章开头提到的关圣庙，虽已湮灭在历史的烟尘中，但仍能让我们感受到此地汉文化的根深蒂固。乾隆年间，大量石屏人涌入易武，在以麻黑为中心的这片区域种植、生产、加工茶叶。茶园围绕着村寨而建，汉族同胞将先人安葬于茶园中，世世代代都守护着这片热土。随着汉人先进生产技术的传入与影响，麻黑得以深度开拓，时至今日已是易武人口最多、古树茶产量最丰富的村寨；制茶技艺也随之不断提升。

作为"易武正山"的核心区域。种茶早、规模大、产量丰、工艺精，麻黑为易武贡茶提供了优质而稳定的原料来源，奠定了易武贡茶的底色，并延伸到此后的号级茶时代、印级茶时代乃至复兴时代，诸多经典名品，皆来源于此。

直到今天，麻黑依然是易武茶的中流砥柱。茶叶兴，易武兴；易武兴，麻黑兴。

易武蜜香带的典范

麻黑的茶园大多分布于寨子周边，虽然近在咫尺，但麻黑的生态依然超乎预期。

翻过落水洞的垭口，曾经受万千茶友朝拜的 800 年茶王树就在不远处。易武复兴的 20 多年里游人如织，曾经枝繁叶茂的茶王树已于 2017 年驾鹤西去，令人不禁扼腕叹息。十数年前，这棵茶王树依然生机勃勃，如今却永远缄默下来，仅剩一体枯木残躯在空荡荡的玻璃房中任人瞻仰，警示来者。

从落水洞的垭口，沿着之前茶马古道的马帮老路一路下去，翻过石门坎，就是麻黑寨子了。从垭口顺着蜿蜒的山路往前不远，一棵"新"的茶王树已经被铁栏杆圈了起来，这棵新的茶王树，具备易武茶区典型的高杆古树的特点，树高十多米，主干就达五六米，腰部往上开始分枝，冠幅有六七米。"老王"已死，"新王"初立，不过"在位"几年光景，已现衰败之势，这让我们不得不去深思。

且行且近，树木参差，高高的树林里，茶树在底下悄然生长。藤条紧紧缠绕着树木。不知名的蕨类、野花又在茶树底下蔓延开来，高低错落的生态异常和谐。

走在林间，清风徐来，森林中似有甜蜜香气传来。太过于心旷神怡，有时候会让人忽略脚下的湿滑，一不小心就会摔上一跤，留下到此一游的"物证"。

经过天然形成的"石门"渐次走进，数棵十多米的高杆古茶树在茶园中尤为亮眼，慵懒肆意地迎接着

◎ 麻黑的"新王"

阳光雨露。丰富的茶园生态，造就了麻黑茶丰富的口感。

在易武茶"高香甜、低苦涩"的整体风格之下，麻黑茶蜜香清晰开阔，中正平衡，蜜韵凸显，汤感醇厚饱满，喉韵甘润持久，经过后期储存，蜜香转化得

◎ 麻黑古茶园

高亢婉转，韵味深远。麻黑茶风格醇厚饱满，蜜韵凸显，是易武茶中正平衡的典范。

因成名较早，传世的诸多经典名品中多有其身影，市场对麻黑风味极为熟悉，它一度成为易武茶"中正平衡"的典型代表，甚至霸占了整个市场对"易武味"的认知：极易识别的蜜韵成为易武的基准风味，差点儿让所有易武茶都被贴上蜜甜的标签。

作为易武口感的基准标杆，普洱江湖上流传着这样一句话：不识麻黑，不足以谈易武。

万变 不离其"中"

麻黑的高贵，来自骨子里所流淌的正山血脉，端方持重，可堪重任。

在普洱茶全面复兴百家争鸣的时期，薄荷塘、哆依树、弯弓、茶王树等超微产区星光璀璨，似乎更能勾起茶人的猎奇与新鲜感，但事实上，麻黑的关注度

并没有降低，它一直代表着易武茶的核心滋味所在。
群星交相辉映，麻黑恰如定盘之星。

　　昔日苏轼曾言：到苏州不游虎丘，乃憾事也。今日就着麻黑的茶香蜜韵，追忆起诸多传奇故事，我亦忍不住效仿东坡居士：品易武不饮麻黑，乃恨事也。

名门之秀
——高山寨

　　"高山"一词，虽是口头语极为寻常，却意味无穷。

　　"历登高山临溪谷，乘云而行"，是乱世枭雄曹孟德的胸中气象。

　　"巍巍乎志在高山，汤汤乎志在流水"，是钟子期初解琴中意。

　　"高山仰止，景行行止"，则是太史公对孔子崇高品德的仰慕。

◉ 身处高山峰顶的"高山寨"

易武

不过，香堂族人在起"高山寨"这个名字的时候，可能并没有那么仔细推敲，只是直白地陈述事实——据说因村寨建于高山顶峰云雾之中，故此得名。

高山其寨，倒也符合"浮云不共此山齐，山霭苍苍望转迷"的诗中意境。高山寨海拔1400米左右，与麻黑隔山相望。原住民乃是易武的原生民族香堂族，也就是彝族的一支。

从地理位置来看，易武七村八寨交错延伸，而高山寨却偏居边隅独占一山。

"无为"或许是最好的作为

"绿树村边合，青山郭外斜"，高山寨在丛林掩映间，绿树环抱，青山相依。数百年来，香堂人种茶、制茶习俗世代相传，古茶园就散落在寨子周边的山林之中。

抬起头透过树与树的缝隙，蓝天之下云彩缓慢地流动。远眺，小黑江缓缓南流。

◉ 高山寨茶园生态

沿着湿滑的小路往里走，穿枝拂叶前行。茶农在前方开路，不时挥动砍刀斩断过于茂盛的野草杂木。

古茶园被群山环抱，终年云雾缭绕，茶树与自然融为一体，朝夕饱吸云雾精华。茶树在林中，远看不见茶树。各种苍翠挺拔的高大乔木生长在茶树周围，蕨类等植物铺成绿色毯子，石斛、苔藓、地衣随处可见，野花野草长得肆意。蜜蜂嗡嗡挥舞着翅膀，蜘蛛辛勤结的网时常拦住劳作的山民。

深呼吸一口，仿佛置身天然氧吧，从鼻息到心口，皆是清新澄澈。如此好的生态，可会"林深时见鹿"？那是太理想的意境，茶农真正担心的是，如何避开自家茶地里时时出没的蟒蛇。

◎ 高山寨的有"鸡"茶园

高山人管理茶园，颇有些顺应自然、无为而治的味道，听任茶树"野蛮"生长。这里的茶园，极少看到人为干预与破坏的痕迹，更像是被遗忘在森林中的精灵：丰富立体的生态系统，让古树茶无须施肥，完全原生态；高山人极少修剪茶树，连茶树旁边的杂草杂树，都是实在挡道了才会动手砍上一砍。

据村民说，在20世纪70年代，政府号召茶农砍茶树种粮食，高山的香堂族人"缺乏觉悟"，还管理什么茶园？扛着枪打猎去！

日月往来，时移世易。昔日的落后成为优势，当年的"无所作为"，让高山寨古茶园意外地完整保留下来。"缺乏觉悟"在今天看来何尝不是一种顺应自然的先知先觉？阴差阳错中，高山寨保留了易武地区规模最大最为完整的成片古茶园。

高山之上
有少年郎英姿峻朗

高山寨，往东，是去往曼撒古茶山。往西，则是去往蛮砖，古六大茶山山水相连。在高山寨凭据临眺，小黑江和象明就在山下穿行……

高山寨，易武花香带的起点。高山茶花香清雅，水路细腻，风格峻朗，茶底醇厚。品高山寨，如遇翩翩少年郎，英姿勃发，自有一股向上生长的力量。

作为易武茶花香带的明星，高山寨的茶有一股清雅的花香，滋味甘醇顺滑带甘香，苦涩度低，使人心旷神怡，集于舌尖和上颚，之后迅速化开，茶气浓厚贯喉而入，舌根两颊泛甜，杯底留香，挂杯持久。高山寨除了具有香气高、回甘好等特点，随着时间陈化，甜度会更加明显。

孤悬一山的特殊地理位置，原生民族世代种植管理的茶园，未曾断代的风格特质，易武花香带的起点，都在昭示着高山寨的"与众不同"。

无论我如何去论述高山寨的特别，始终百闻不如一"品"。高山的风格滋味，都融入杯中茶水，岂不正应了那一句"高山流水意无穷"？如同伯牙等待子期，高山峻极，天造芒芒，唯待知音懂。

遗世明珠
——弯弓

许多年以后，我仍记得初次探访弯弓与曼撒老寨时的情景。当时七村八寨已经行遍，在日复一日的寻茶饮茶中，我与茶农建立起兄弟般的友谊。但仍觉前路漫漫，犹需上下求索。

一代天骄
曼撒贡茶园的遗珠

忽一日，轻易不登门的丁家寨老李献宝似的带来一袋茶，打开捧给我——"闻闻"。我不由得眼前一亮，赶紧开汤，饮一口茶汤，花香高雅幽扬，甜醇而又空灵洒脱，风骨之间自负高雅之气，直抵心脾；茶汤甜醇细腻，生津绵密，舌下似清泉涌动，泠泠淙淙；气韵宛转悠扬，似闻琴瑟，优雅灵动，隽永流芳。好茶！

老李见状眉开眼笑，眯着眼睛笑呵呵地说："这片茶地离寨子不近，以前茶价不好的时候，很少去这里采茶，据说以前那里也是个大寨子，叫弯弓……"

不愧是昔日曼撒皇家贡茶园的天骄，将易武茶"至柔至美"的特点发挥得淋漓尽致。仿佛徐志摩笔下"一低头的温柔，像一朵水莲花不胜凉风的娇羞"，只是这样的茶品，如何让人"珍重珍重"之后还道得出那一句"再见"？

迫不及待跳上车，走，上山去！弯弯绕绕地拐上丁家寨，一路尘土飞扬，好在来易武多时，我已经习惯随着车的节奏摇摆，保证下车后不会有全身散架的感觉。

匆匆在寨子中吃过午餐，补充体能，便随着老李上山去。瑶族摩托车手早已蓄势待发，载着我翻越山腰。悬崖就在身侧，车速时快时慢，风从耳边吹过，道路险峻，车道仅容一二人通行，到低洼处只能顺着

以往摩托碾出的车痕前行，有时不得不下车来，车手推着摩托前行，鞋上裤腿上全是泥巴。摩托车小哥倒是洒脱，艺高人胆大，一双"夹脚拖"走天下。沿途数十米高的桫椤随风沙沙作响，藤蔓缠绕，各种高大的古树构成了雨林独特的景观。

◎ 摩托车是去茶地主要的交通工具

下了摩托，老李麻利地砍下树枝，三两下削成一根"登山杖"，塞到我手上。我也不跟他客气，用登山杖支撑着，拨开狭窄的杂草路，一路徒步去古茶林。

沿途山高谷深，群山起伏，沟壑纵横。密林中绿荫遮天蔽日，弯弓河瘴气横生，我们一路翻越过去，在湿滑又绵长的林间小径感觉体能已经耗尽。蚊虫、马蜂不时在耳边威胁着，好在心中有定念，一定要见着史书中盛极一时的那座茶山。

　　漫长的徒步，终于来到这片深藏在原始密林中的古茶园。凉风习习，从身上拂过。斑斓的蝴蝶并不怕人，俏皮地在帽子上逗留。低头，鞋子上有条毛毛虫徘徊不肯离去。

　　树木繁密茂盛，绿意盎然，植物多样性保存完整。茶园遍植林间，被国有林环抱着。数百年前山民们在此种下的成片古茶园，如今被划入国有林自然保护区中。初见惊艳的所有非凡品质，皆是这云雾山川造就。

　　据老李说，这一片一片零散分布的茶园，乃是因为早年粮食太少，身强力壮的瑶族兄弟便扛起枪进山打猎，一点一点慢慢发现的。后来，顺着这条山脉一路寻去，薄荷塘、草果地、凤凰窝、白茶园、一扇磨等知名超微产区都陆续被发掘出来，在如今的普洱茶

◎ 原始森林中的古茶园

市场皆是备受青睐的顶级名品。

随着老李穿行，他热心地指向地上的断瓦残垣——"这就是当年弯弓大寨的宅基"。

从这些残存的宅基，仍能看出当年繁华。清咸丰以前，曼撒茶山村寨密集，人口过万，弯弓大寨与曼撒老街，就曾是易武茶山最为兴旺的两个寨子。

弯弓大寨，过去曾有四百多户人家，曾有"千家寨"之称。分为汉族寨与回族寨，回族建有清真寺，汉族盖关帝庙。据说弯弓关帝庙是古六大茶山最大、最精美的庙宇，全部用柏木建成，雕梁画栋，飞檐点金。

顺着老李的指点，我细细辨认大庙中遗留的功德碑。从碑文来看，建弯弓庙时，易武、曼秀、麻黑、曼撒、曼腊、倮得各村寨都来助势捐银，易武捐五十两、曼撒捐四十两，个人捐银者达 170 人，大多捐了十两以上……

如今大庙虽已不复存在，幸运的是古茶树仍影影绰绰地掩映在密林间。后来随着时间推移，到今日再去弯弓，已不再如当日那般需要徒步，车已能开至茶园。

◎ 茶农兄弟们往返
于茶园的山道

一条条摩托车碾压出的羊肠小道，继续书写着古
道的繁荣。

老李带着我继续往前，指着一棵高大的古茶树示
意，粗粗估算，树围大约有 1 米多，抬头仰视有数米
高。这也许便是昔年濮人遗留下的珍贵礼物吧。"找
这些古茶树很不容易"——老李解释说，能够发现这
样由几十棵古树组成的小茶地，已经十分幸运了。大

多数茶地都是零散分布着，常常要翻山越岭，才能找到另一片。

可能看我满头薄汗，老李将我引至茶园的窝棚中休息。他则熟练地掏出打火机点燃火堆，就地砍一根竹子，摘下鲜叶丢进竹筒，装满山泉，就着火堆烤热，待水沸腾茶香很快飘出，他用一节更小的竹子盛着茶水递给我。瑶族同胞靠山吃山、就地取材的智慧，着实令人赞叹。

茶汤中混合着竹子的清香，唇齿间清香不绝，精气神一下子提振起来，一路徒步的疲劳一扫而空。我豪情顿生，走，咱们继续！

消失在历史云烟中的曼撒

老李笑着用手指向西边："再走一个多小时，翻过那边那座山头，就是曼撒老寨。"他憨厚地笑道："听老一辈讲过，说曼撒在清朝时建过石屏会馆，占地得有 10 多亩，气势很不一般。里面还有一口大钟，有肩膀那么高，敲一下方圆几里都能听见。"

曼撒这个名字，不由得让我思绪万端。曼撒，得名于诸葛孔明"置撒袋于漫撒"，后来叫着叫着，"漫撒"就简化成了如今的"曼撒"。清代顺治年间，已有汉人进入曼撒贩茶。改土归流后大量汉人定居、拓荒、种茶。

至乾隆年间，易武土司管理下的易武茶山和曼撒茶山同时步入最繁华的时期，当时的曼撒是古六大茶山的中心地带、皇家贡茶茶园。以曼撒和弯弓为中心，东起茶王树，西到滥田，南接大漆树，北至杨家寨，茶叶年产万担以上，曼撒老街长达数百米，人口有三百多户。茶叶兴盛，曼撒车水马龙，往来云集。每年，居住在这里的人们都要赶庙会，热闹繁华至极。

然而天不假年，曼撒的繁荣只持续到清代中晚期便戛然而止。曼撒老街经历了足足三场大火。同治年间第一场大火，半条街被烈火吞噬；第二场大火发生在光绪年，火势更为猛烈，曼撒茶山迅速衰落；祸不

易

武

◎ 曼撒大庙的残砖断瓦

单行，七年之后的第三场火灾后，瘟疫随之而来。痛失所有的曼撒人不再留恋这片土地，搬离了家园。

此后，曼撒老街片瓦无存。芳草萋萋，掩盖住曾经人声鼎沸的街道，几十株大树矗立在荒草中，每当有风吹过，树叶沙沙作响，如泣如诉。繁华了一百多年的茶山，复归于萧寂冷清。

返程途中，山崖陡峭，眺望观景，倒好过路上险峻提心吊胆。群山层叠连绵，白云如薄纱在峰谷间穿行飘浮。每每山风吹来，这层薄纱被彻底吹散，极目四野，远山如画。

沿途林间不时仍有一些散落的茶园，生态极好。茶树周围，伴生着许多兰科植物。被大风吹倒的树枝，掉落了一半，倾斜下来，便有许多蕨类与伴生物顺势攀爬上去，郁郁葱葱，平添许多姿态。不知名的树叶，长得"张牙舞爪"，毫不收敛，在雨林气候下，生命力格外张扬。

每到达一处茶园，骑摩托车的小兄弟都弯腰在地上捡拾着什么，后来才知道是无花果。返程路上，他

易

武

时不时停下车来，采集蕨类与香菜（本地人称为大芫荽），说要拿回家炒菜吃，后来我们一起饱餐的这顿饭，鲜美之极！

长时间的沉寂，让这片区域的茶树躲过疯狂采摘，留住了悠悠古韵。从昔日的繁华到凋零，继而声名再起，逐渐显现旧年风光。烈火焚烧若等闲，时光悠悠，风采无损，兴盛或是沉寂，山就在那里，不悲不喜，渊渟岳峙，默默接纳着每一位来此朝圣的茶人。

无冕之王
——茶王树

在许多图腾神话中，认为自己祖先来源于某种动物或植物，于是这种动、植物便成为这个民族最古老的祖先。如"天命玄鸟，降而为商"，玄鸟便是商朝人的图腾。

在世界茶源地云南，初民们将"茶"视为生命源泉，后代也将"茶"视为祖先。

天选之地 神奇的茶王树

易武茶区的精神图腾，就是茶王树。

茶王树茶地，位于冷水河下游，与勐腊县海拔最高的黑水梁子同在一脉，与古六大茶山的曼撒茶山一衣带水，与弯弓、白茶园对山相望。

据记载，茶王树因茶而得名，其地原有两人合抱之木，高4丈有余，树冠如蓬，一水可采茶90余公斤，冠绝易武，故尊为"茶王树"。这棵"茶王树"，曾是易武地区最大的茶树。每年春茶首采之际，山民都要来此祭拜祈祷，杀猪祭祀，感恩茶王与先祖。

去茶王树通常先去到刮风寨寨子，再搭乘寨子里瑶族青年的摩托车去往茶地。一路上路滑坑大坡陡，四驱越野半吊在塌方路上爬坡，已足以让老司机背脊发凉。

刮风寨到茶王树茶地的路，才是朝圣的开始。乘坐小摩托绕着山路陡坡一路骑行，陡峭的泥泞路面，旁逸斜出的树枝随

◎ 刮风寨

◎ 茶园生态

着摩托的快速前进，不时打到脸上、身上，你只有全神贯注跟着摩托车手一起偏头侧身才能躲避。

"世之奇伟、瑰怪，非常之观，常在于险远，而人之所罕至焉，故非有志者不能至也"，茶王树虽"至者少"，但到了这里，你一定会被原始秘境震撼。

这片古茶园位于山中段的大陡坡上，茶地垂直落差高达 300 米。崇山峻岭间，甚或有蛇虫出没。云雾缭绕中，苍翠欲滴的原始森林环抱着这片茶园，茶树与环境共生，植被极为丰茂，原始生态保留得非常好。

气候湿润，为古树创造了最佳的生长条件。高大树木遮挡、阳光漫射，茶树的生长缓慢。山野的积聚，生发出更为强劲的茶性。茶王树的刚劲茶性与班章截然不同，班章的茶性是锋利的，极具扩张力与侵略性。茶王树的强劲，却是含蓄内敛，由柔至刚，虚实相济。

虽藏身于原始密林中，但茶王树的传说，从未被遗忘。张毅先生在《古六大茶山纪实》中提及："茶王树寨……据说这一带野生茶林到处都有，而这株特大，地形缓坡，又有一条山泉，古人就选择这里定居下来……附近的野生茶林被改造为人工方便采摘的茶园……"

究竟从何时开始，先民在此植下茶树，已经很难考证。我们往上追溯，大致的历史脉络可能是这样的：最早在这里居住的是布朗族与哈尼族，布朗族在此种下连片茶园，后迁徙到了现在的老挝。此后，哈尼族、回族、汉族等民族都曾经在此立寨居住，1948 年前后，茶王树寨的百姓搬散，无人照管，就此野放在原始森林之中。

而这片散落在荒郊野岭的无主之地，林权自然归国家所有。因植被茂密、林木高大，生态环境绝佳，后来被划入国家自然保护区的地界之内。

　　茶叶兴盛后，刮风寨的瑶族同胞四处进山找茶。
茶王树的传说在此代代相传，根据寨子里老人们的指

◎ 原始密林中的茶园，茶农兄弟们简易的茶棚

引，顺着以前从刮风寨去往丁家寨的山道进山，瑶族
小伙们再度发现这片秘境茶园，并重新管理起来。

天赐神韵 易武的茶王图腾

　　冥冥中似有神秘力量，花香带、蜜香带和原野香
带在茶王树交汇。假上天之手，将饱满的花香、馥郁

的蜜香、强劲的原野香如此协调地拼配在茶王树之中。既圆融平衡，又有其浑厚的内在力量，香味还足够有层次感，厚度和汤感达到几近完美的地步。

茶王树雄浑开阔，滋味高度协调，甜醇柔滑间力透刚健，茶气十足，强劲刚猛却含蓄内敛。品茶王树，如观山水长天，水墨长卷，起伏绵延。

私以为，茶王树好似孙过庭《书谱》评王羲之：不激不厉，风规自远。班章浓强，昔归刚劲，都有激厉的一面，好似处江湖，有侠气。易武茶醇厚，而茶王树更是中正平衡，刚柔备，气韵佳，更像处庙堂，有将相气。

天赐秘境，近乎神品，茶王树是岁月知味顿悟易武的菩提。2015年，受它的启发，我们将十余年对易武产区的深刻理解和总结，糅合易武众多产区的风格特点，经过上百次的拼配研发，研发出一款易武茶顶级风格的大成之作。

它就是"易道"。在融合三条香带最强优势的基础上，易道更加入一些雄浑。我希望易道的表现方式，

是能让人入口之后，一下子就感受到茶王树那种花蜜香，且更加直观、更加饱满、更加持续。打个不恰当的比方，如果把茶王树比作五十度的白酒，易道就做到了五十三度，让它的饱满度、张力、香气的馥郁和复合度在最好的状况下盛放。

由"茶王树"而至"易道"，天赐神韵，足以问鼎称王，这种王者气象，包藏着易武的茶王图腾。

微产区：
易武的江湖

昔金庸先生笔落惊风成江湖，惜溘然长逝，江湖渐远。"清风笑，竟若寂寥，豪情还剩了一襟晚照。"

天赋山水滋养，山川造化以宿命般神来之笔，写就易武的江湖。

岁月知味以十余年探索研究易武的深厚功底，精选出易武极具代表性的四大小产区，建立茶王树、弯

弓、麻黑、高山四大基地，俨然易武的四大名门。开宗立派多年，乃是易武江湖泰山北斗一样的存在，任凭风起云涌，屹立不倒。

有一位我们的发烧友将易武这四大小产区描述得非常精彩，不妨引用之供大家赏读：

先说茶王树，茶王树像那种各门功课都几乎接近满分的选手，没有偏科，而且有一股很强的野劲，或者说山野气息，略有点桀骜不驯，这种力量感易道也有，但易道的力量感还是在某个框架里面释放，张弛有度，而茶王树的力量感更洒脱更释放天性一些。

如果用武侠世界的武功来形容，茶王树更接近降龙十八掌，知名度特别高，能力又特别强，天下阳刚之至、一等一的功夫，极具力量感。

而弯弓也同样是顶尖高手，用武功形容更接近张三丰晚年所悟出的太极拳，以柔克刚，以静制动，以慢打快，表面绵柔的招式蕴含强大的内力，徐徐展开，化为绵长的韵味。

易道可用"全真七子"集体御敌的阵法——天罡北斗阵类比，按北斗星座的方位，七人各据一方，又按武功强弱特性安排方位，以达到阵容的平衡和整体效应，是全真教最上乘的玄门功夫。易道亦是如此，采用的都是易武各个顶级的小微产区原料，按其特性以一定比例融合，有的负责骨架，有的负责香气，有的负责力道，有的负责余韵，相互协调，组成一个有骨有肉的全新产品。

麻黑和高山作为易武七村八寨的代表，也是品质很高的中流砥柱。用武功形容，麻黑更接近武当长拳，高山更接近华山剑法，都是中正的名门帮派正统武学，学的人也多，入门不算很难，但要融会贯通达到上乘，也非一朝一夕之功。

　　武当长拳招式看着极普通，但包含了最上乘的后发、借力打力等高深学问，所以金庸称其为上乘功夫。

　　麻黑是距离易武镇较近的寨子，管辖区域也比较大，所以麻黑茶不难找，市面上很多麻黑产品，以及打着易武名号的产品很多用料是麻黑，甚至现在很多价值很高的老茶，当年取料便主要在麻黑。所以麻黑是很具有代表性的易武味道，虽不像茶王树各方面达到顶级，但也是全科优等的尖子生。

　　华山独居西方，以奇、险著称，华山剑法奇技峻秀，高远绝伦。高山茶亦是如此，清秀甜柔，不似那么力量感的掌法、拳法，更贴近轻盈、优雅、柔巧的剑法，四两拨千斤，以巧胜拙。

当然，麻黑、高山、弯弓、茶王树这四大小产区仅仅是岁月知味细分易武众多小产区后所遴选出来极具代表的四个，最后成了岁月知味在山头茶领域的代表性产品，也是不少普洱茶爱好者进一步了解易武茶的法门。

四大名门之外，实则更有诸多门派或占深山幽谷之地利，或倚独门修炼之功法，群雄竞起，恣意挥洒，共同成就易武茶江湖的精彩。

逍遥派行事潇洒低调，极为隐秘，江湖中绝少人知晓。武功讲究轻灵飘逸，娴雅清隽。恰如薄荷塘，花香优雅，细腻空灵，清新脱俗。

如同无崖子曾隐居在无量山“琅嬛福地”，薄荷塘也深藏群山深处，蜿蜒隐秘。而一亮相，就惊艳全场，气韵厚实绵长，轻灵深沉不可方物，你以为香气褪去会归于平淡，至尾水气韵依然厚实绵长。行到水穷，坐看云起。

百花潭，易武少有的“名如其人”的茶地——易武少数民族给茶地命名极直白，如薄荷塘源于茶地附近生长有薄荷，哆依树则因为茶地附近有产哆依果的树而名。百花潭花香馥郁，野韵张扬，妖娆魅惑的山野花香像极修炼九阴真经后的峨眉掌门周芷若。

峨眉派剑法和簪法，姿势优美而威力十足，“玉女素心妙入神，残虹一式定乾坤”。百花潭以百花入魂，生津回甘一波强似一波，极富饱满度与层次感，茶气十足，与峨眉功法异曲同工。

哆依树，相较于薄荷塘的盛名，哆依树似乎与世无争。如僻远的点苍，甚少行走江湖，江湖上却流传着它的传说。点苍镇山剑法，威力无穷，绝不容人越雷池半步。哆依树的上百棵古茶树，便是镇山之宝。古木参天，高达20多米的成片古茶树傲然挺立，有独立江山暮的阔旷与深邃。

点苍轻功虽轻灵飘动，剑法却招数古朴，苍劲有力，内藏其变。哆依树亦如是，香气辽阔深远，内蕴其中，茶汤刚强有力，绵延不绝，却回味无穷。随着时光的沉淀，潜沉的刚猛气性也日渐清晰，化为杯盏中的通达纯然、绵长芬芳。

各门派如星河璀璨，在易武大地摇曳生姿。

凤凰窝汤水细腻，花香气尤其外扬，兼得桃花岛独门武功落英神掌与兰花拂穴手之妙，掌来时如落英缤纷，拂指处若春兰葳蕤，不但招招凌厉，而且丰姿端丽。

天鹰教紫薇堂"妖女"殷素素，娇艳无伦，明媚清丽，引得武当张五侠为其容貌所逼，登觉自惭。偏又武功刚强，手段狠辣。不正似草果地香得妖艳而猛烈，冲击感极强，汤香好，生津明显。

达则开宗立派，穷则独善其身。在江湖深处，隐匿着诸多风流人物如扫地僧、独孤求败等，修为高深，不求闻达故声名不显。如2019年我向大家引荐的忘忧谷、火凤凰之流，小到只有极微的一片茶地，身负绝世武功，唯有资深玩家才有资格把玩，以馈识者、亲者共赏。

金庸善以江湖喻人，屠龙倚天一出，群雄逐鹿，谁负谁胜出天知晓？有实力逐鹿天下者，无不怀着侠骨柔情，"侠之大者，为国为民"。在易武普洱江湖，竞秀一方的各门各派，同样如是，为复兴易武而勠力同心。

漫天星光沿途播撒，长路尽处有灯火。

易武与古六大茶山（上篇）

> 彼一时，此一时也。五百年必有王者兴，其间必有名世者。
>
> ——《孟子·公孙丑下》

"象明有四座古茶山，易武就只有一座，为什么大家都觉得易武就是古六大茶山？"象明茶农老王一边执壶泡茶，一边叹气。这位耿直的汉子，一直憨笑着为我们倒茶。提起这些，却愁容满面："很多人来收茶，最多去到易武，连象明都没有来过。"

知易武而不知象明，甚至知易武而不知古六大茶山，这个奇特的市场现象，其实非常普遍。

时常有热爱普洱的茶人寻到易武古镇，喝茶聊天之间，问起店主人："易武的倚邦怎么去？""曼松在易武哪里？"顺应市场呼声，如今易武大街上，已经供应着革登、倚邦等地的茶。古六大茶山的茶农也纷至沓来，在古镇开设店面、经营茶叶。

而在全国各地的诸多茶叶市场内，门头上大写着"易武茶"的专卖店，进到店内，会发现一饼饼"倚邦""莽枝""革登""蛮砖"等整齐陈列着，茶友们习惯将这些茶统称为"易武茶"。

打开网上资讯，这样的现象比比皆是，"攸乐乃是易武茶山……""易武的猫耳朵""翻开易武茶区，可以看到革登、莽枝、倚邦……"等文案层出不穷。

同宗同源 同气连枝

在古六山少数民族中，代代流传着"孔明兴茶"的故事。六大茶山一脉相承，同宗同源，都源于诸葛孔明的传说。

易

武

旧传武侯遍历六山——

"留铜锣于攸乐"，攸乐，是基诺族的聚居地，现名基诺。位于景洪市基诺乡境内，是目前行政划分上唯一不在勐腊县的茶山。攸乐茶山隔小黑江与革登茶山、莽枝茶山、孔明山相望。古茶园以亚诺村为中心向四周散射。

"置铜姆于莽枝"，莽枝，位于象明。莽枝山脚的曼赛、速底等村寨已有上千年的历史。莽枝的"秧

⊙ 孔明山

林"，就是古茶山育茶苗的地方，而大寨是种植茶叶的地方。在孔明兴茶的传说中，莽枝乃是孔明埋铜（莽）之地。颇有意思的是，在莽枝茶山红土坡76岁老人王明生的讲述中，莽枝的名字来自赶牛敲锣的声音"莽——莽——"不绝，渐渐叫出"莽枝"这个地名。

"埋铁砖于蛮砖"，蛮砖，东接易武，西连倚邦，位于倚邦、革登、曼撒、易武四座茶山之间。在现在的地图上，"蛮砖"亦称"曼庄"，其实是少数民族语的音译。蛮砖古茶林多集中在曼林、曼庄等地。

"遗木梆于倚邦"，倚邦，乃是茶马重镇，位于勐腊县中北部，属象明乡。南连蛮砖，西接革登，东邻易武。从普洱往南行，沿着茶马古道经思茅、倚象、勐旺过小黑江，便进入倚邦。倚邦在傣语中，本称为"唐腊"。倚邦，即茶井的意思。倚邦茶山包含倚邦（正寨）、曼松、嶍崆、架布、曼拱等著名茶叶产区。时至今日，倚邦在普洱茶界仍拥有很高的地位。

⊙ 莽枝茶山
的牛滚塘

⊙ 倚邦老街

"埋马镫于革蹬"，革登，地处勐腊县象明乡西部，位于倚邦与莽枝之间，包括安乐与新发两个村委会辖区。革登为布朗语，意为很高的地方，从地名便知布朗族曾在此居住。

◉ 革登茶山相传孔明植茶处

易武

"置撒袋于漫撒"。漫撒今亦称曼撒，位于勐腊县易武乡东北，是易武茶区最早成名的山头。清代中期曼撒茶山亦曾年产茶达万担以上，是当时易武的茶叶集散中心。曼撒属易武土司管辖，是易武茶区的一部分，中途因火灾逐渐衰落，加之易武大产区的兴起，后人渐渐只知易武而不知曼撒。

千百年的岁月章回中，古六山兴则共兴，寂则同寂，一脉相连，命运相依。

云南作为世界茶树的起源地，不知起自何时，茶树就在这片土地上默默地生长发芽、繁衍生息，代代相传却又寂寂无闻。

"改土归流"成为古六大茶山第一次命运的转折点，声名初显的普洱茶因此成为清朝皇室的御贡之物。渐至"普茶名重于天下，出普洱所属六茶山……"古六山一门俱荣，登堂入室，声望日隆。

两百年风云沉浮，茶山几多变迁，但无疑这是属于普洱茶的黄金时代，也是同属于古六山的时代。抗战硝烟阻断了茶山的烟火，时局动荡，茶山凋敝，从此沉寂半百。

时至今日，普洱茶再度兴盛，易武一马当先，古六山再次回归到大众的视野，朝拜者络绎不绝……

山水相连　风味相近

彝族是如今古六大茶山的主要民族之一，每年"二月八"，各个彝族寨子里人头攒动，热闹非凡，村中老少们穿着民族盛装，纷纷到茶地里祭拜"茶王"，祈求风调雨顺，茶叶有个好收成。

当然，古六山的基诺族、布朗族、瑶族、汉族，都有着自己祭拜茶祖的仪式。在孔明山上，更是每年茶季都有规模盛大的"祭茶大典"，祭拜古六山的茶祖孔明，这成为古六大茶山的一道独特风景。

相似的民俗习惯，交织的山川河流，都汇成了古六大茶山一衣带水的风土与风味。

从海拔 500 多米的景洪一路东去，澜沧江东岸山势陡增，古六大茶山群山起伏，山水相连，罗梭江和

易

武

◎ 古六大茶山祭祀活动

南腊河蜿蜒其间，滋养着古六山的草木山川。密林交织、河谷纵横、云雾缭绕、古木丰茂，共同构成了古大茶山的风土气象。相似的生态环境特点、气候、海拔、地形、植被，也形成了古六山相似的风味特点。

◉ 古六大茶山相似的茶园生态环境

　　古六大茶山经历了贡茶时代和商茶时代的人文熏
陶，在相似的风土环境之下，经过几百年的驯化改良，
普遍呈现出"香甜"型的风味特征。这与澜沧江西岸
以"苦"为尚的风格特点截然相反，也因此形成了古
六山风味特点上趋于一体的认知现状。

六山一脉 同根之木

　　同宗同源，命运与共，同风同俗，风土相连，风味相近。这样特殊的产区背景，人们常常将易武约等于古六大茶山，就不难理解了。

⊙ "福庇西南"牌匾

　　数百年来，古六大茶山的兴衰最后汇于易武；数十年来，古六大茶山的复兴再始于易武。易武，也自然成为古六大茶山的领军者和代表者。易武既成为"名世者"，世人识易武而不识古六山，就非偶然了。

　　易武与古六大茶山，我们并不需要去刻意区分。因为这一片养育普洱茶的故土，这一片将茶视为信仰的热土，本就同宗同源，一脉相承。

易武与古六大茶山（下篇）

　　波澜壮阔的澜沧江，如同天上银河，古六大茶山群星闪耀，凝结着普洱茶曾经波澜壮阔的历史篇章。群星之中，犹以易武与倚邦最为耀目，他们先后生辉，如同夜空中最闪亮的星辰，照透时空。

　　从易武看倚邦，普洱茶三百年兴衰荣辱历历在目。从牛滚塘到倚邦再到易武，三百年岁月流转，古六山的中心几多变迁，个中历程是良性竞争，也是自我进化。

三百年间　古六山几多变迁

　　第一个阶段的牛滚塘。元、明时期古六山早已茶园成片，明末清初，就有汉人进山买卖茶叶。这一时期，

◉ 牛滚塘如今已
变成安乐村委会
所在地

普洱茶在民间声名日隆，到康熙初年，莽枝茶山的牛滚塘成为古六山最早的茶叶集散地。

第二个阶段的倚邦。牛滚塘的风流韵事成为"改土归流"的导火索。改土归流战事结束后，经历了战火的莽枝茶山走向衰落，古六山的中心由牛滚塘迁到倚邦。

"改土归流"后，古六大茶山纳入普洱府，普洱茶登庙堂之高，成为皇室贡茶。在这场战争中平患有功的倚邦土千总曹当斋也因此成为第一任的贡茶主办官。在曹当斋主政的几十年间，茶业繁荣，民族和睦，倚邦一直保持着古六大茶山的中心地位。

第三个阶段的易武。花开两枝，曹当斋主政时期，易武也不甘落后。数万汉人涌入茶山，拓垦种茶，"入山作茶者数十万人"。经过了数十年的耕耘开拓，易武已经是六大茶山的绝对的中流砥柱，六大茶山，易武居其大半，是以成为六大茶山之首。

1773 年曹当斋逝世后，易武土千总伍朝元承担起贡茶采办主要责任，普洱茶的中心也逐渐由倚邦转移

◎ 易武茶文化博物馆内所藏马帮及牛帮旧物

到易武。也就是这个时期，普洱茶逐渐走向顶峰，"普洱茶名遍天下……京师尤重之"。

从易武看倚邦 从竞争到进化

三百年间，古六山的中心三易其地，既反映出普洱茶的历史演绎经过，也映射着古六山从竞争到进化的发展历程。在此过程中，普洱茶的风格审美逐渐成型，普洱茶行业渐趋成熟。

我们顺着古六山的历史脉络，捡拾起时代洪流中的碎片残痕，以细微的观察和大胆的畅想，试图去还原其中的"偶然"与"必然"。

品种的优化。在攸乐最具代表性的亚诺古茶园，几棵相距不过一两米的茶树，分属小叶种、中叶种和大叶种。大中小叶种并存，这在古六山的茶园中并不少见。而曾任倚邦支书的徐辉棋老人，则认为最能代表倚邦茶的是老街周边的小叶种茶树，"一块地跟一块地，香气不一样，细腻多变"。

近年来小有名气的"猫耳朵"，如此煞是可爱的名字，得

◉ 六大茶山中
并不少见的中
小叶茶园

◉ 六大茶山茶
园生态

名于其叶形小巧、形似猫耳。"猫耳朵"是倚邦极具特点的小叶种，产量稀少，颇有把玩之乐，是小众玩家的新宠。

　　在"主流"与"非主流"之间的碰撞，易武"大叶种"成了最后的胜者。自乾隆年间易武茶山初露头角，就逐渐形成了品种上以大叶种为核心的优化改良，流传至今的号级茶和诸多经典名品，其茶菁也几乎皆

◎ 易武绿芽茶

是大叶种。经过几百年的人工驯化与自然繁殖，易武绿芽茶独特的品质特点世所公认——"易武茶山的大叶种茶的茶菁，一直被人们认为是最为优质的茶"。

在如今的普洱茶国标里（GB/T22111—2008），对普洱茶定义有着明确说明："以地理标志保护范围内的云南大叶种晒青茶为原料，并在地理标志保护范围内采用特定的加工工艺制成……"易武大叶种茶的优良基因传之后世，经历了主流市场的检验，也形成了当下对普洱茶品种的基础共识。

工艺的精进。唐代之云南茶几乎谈不上工艺，"散收无采造法"，采制之法不得要领，是云南茶一直持续到明末的普遍状态。改土归流后，清廷将普洱列为贡茶，对普洱茶提出了更高的工艺与品质要求。

作为贡茶核心采办地的易武，自乾隆年初便大量到此的汉人先民们带来了先进的生产技术，在贡茶采办的基础之上，他们管理茶园、改良品种，不断完善和提升易武茶的工艺水平。

其后的商茶时代，各大茶庄茶号"拣选细嫩茶叶""揉造阳春细嫩白尖""专购易武正山细嫩蕊芽"等内票文字，仍可见当时老茶号恪守品质、精益求精的制茶标准。这个时代的经典名品频出，历百年而不衰，均是易武制茶水平高超的有力佐证。

风格的成熟。"贾宝玉生日之夜，八位姑娘为宝玉做生日，很晚没睡，荣国府女管家林之孝家的带着几位老婆子来怡红院查夜，见大家没睡，催促早睡。宝玉说：'今日吃了面，怕停食，所以多玩一回。'林之孝家的又向袭人等笑说：'该焖些普洱茶喝。'袭人、晴雯二人忙说：'焖了一缸女儿茶，已经喝过两碗了'……"

我们从《红楼梦》中摘选了上述章节，"怕停食"，就"该焖些普洱茶喝"。乾隆年间的曹雪芹，在对普洱茶的描述上，主要停留在它可以消食去腻的功效上。这也几乎代表着早期对普洱茶认识的一个缩影。"味苦性刻，解油腻、牛羊毒""醒酒第一，消食化痰，清胃生津功力尤大……"

这说明即使是在普洱茶已经成为贡茶的早期，对普洱茶功能性的认识依然占据着主导地位，普洱茶的风格风味并未成形。

汉文化普遍以"香甜"为尚，汉人先民对茶山持续的开发与耕耘，才有了古六山逐渐形成"高香甜低苦涩"的滋味特点。而汉文化耕植最盛的易武，对普洱茶的风格审美又进行了进一步的升华。

◎ 易武绿芽茶

　　饱受人文熏陶的易武，将中国传统文化中对天人合一的自然追求，与刚柔并济的处世哲学，无一不深深烙印在对普洱茶的风格审美之上。经历了贡茶时代和商茶时代的易武，"平衡细腻、刚柔并济"的审美风格逐渐成熟下来，普洱茶的传统风格认知也随之渐渐定格。

　　人为的进取。世界上有一"可怕"，是比你有才华的人，还比你努力，而作为茶产区的易武，无疑就是其中之一。

　　声名未盛之时，易武人已经在默默耕耘。乾隆年间"奔茶山"来到易武的汉人们，背井离乡，深入不毛，用自己的血泪与辛勤对易武茶山进行了深度开发。他们刈复老茶园，开发新茶园，如今易武诸多的原始森林中，都散落着当年茶山先民们遗留的旧址残垣。经历了数十年耕耘的易武，在产量与品质上都形成了碾压式的优势。

◉ 易武茶文化博物馆所藏部分旧物

　　而后百年，扎根下来的茶山先民们在此修桥开路，建庙立馆，以舍生忘死、艰苦卓绝的姿态开辟商道。易武人用自己的锐意进取将普洱茶的版图不断扩大，使之成为世界级的饮品。这样的人文精神也流传后世，并使易武成为普洱茶复兴时代中风云再起的起点。

　　时运的眷顾。古六大茶山的繁荣从一开始就并不消停，战火频生、边患侵扰时有发生。"改土归流"的战火就直接导致了莽枝茶山的衰落。19世纪中叶滇中的杜文秀起义直接阻断了倚邦经思茅北运的通道。20世纪初的多次民族冲突和攸乐人的起义，让倚邦和攸乐从此黯然无光。

其间，一方面，不时有缅匪、寮患滋扰边疆；另一方面，官员盘剥、瘟疫横生等各种天灾人祸更是加剧了茶山的苦难，六大茶山人口锐减，动荡不安。

机会总是留给有准备的人，依托于易武人的人为努力与时运眷顾。承天之佑，在从贡茶时代开始的近两百年间，易武基本处于一个相对安定和平稳的外部环境。易武在长时间的稳定发展中，徐徐展开贡茶时代和商茶时代的宏伟篇章，风云百年，易武之名跃然史志，取得了难以想象的成就和地位。

风物长宜放眼量，易武与古六大茶山亲如手足，也惺惺相惜。

从牛滚塘到倚邦，从倚邦到易武，古六山的变迁历程，也是普洱茶的良性发展过程。从竞争到进化，在这个全力以赴、奋发激荡的过程中，古六山不断进化与完善，推动着普洱茶的成熟进步与发展完善。同根同源，并驱争先，终将裹挟成一股不可逆转的复兴之势。

第三章

风味密码

采一片七村八寨的醇厚

揉捻出东方气韵的深邃优雅

汲一泓原始秘境的香甜

氤氲出心物一元的中和圆融

香气的
密码

"古之善为士者，微妙玄通，深不可识。"

易武茶亦微妙通达，深刻玄远。星光璀璨的微产区，香型与底蕴各不相同，而其预后的厚重饱满、变化多端，更是增添了无限可能。

之前文章中我们分享了易武茶的三大香型带：以弯弓为核心所呈现出的花香带，以麻黑为核心围绕易武正山渐次展开的蜜香带，以同庆河为核心、顺着刮风寨到麻黑一路往南的原野香带。而仅仅依据这一条规律，就能轻易判断出易武茶的多样性。

此前论述了为何会选择从香气入手划分香型带。今天，我们也仅就香气进行探讨。

易武茶香的迷人之处，多在于其馥郁优雅又变化多端。如此众多的微型产区和山头，如此众多的香气类型，几近"深不可识"。这也就给我们抛出了一个难题：以什么样的方式去感知易武茶的香气呢？

在深入易武十数年的时间里，岁月知味不断地总结与摸索，累积下来一些经验。今日特意一书，以求个人的浅见能为茶友提供一些参考，也欢迎茶友共同探讨。

都说易武茶"香高水柔"，勐海茶、临沧茶的香气难道就低吗？甚至客观地讲，勐海茶、临沧茶的"香高"比易武茶来得更为直接。以勐海茶为例，从干茶到茶汤，香气清香高扬，是非常直接的，通过感官特征极易被感受到，这样的香气特征非常符合感官审评标准的"香高"。

　　而反观易武茶,香气高扬复合而又饱满浓郁,扑鼻而至的花香蜜韵,似胸藏文墨虚若谷,它的香气富于变化,馥郁优雅而又耐人寻味。这里的"香高",不只是"高扬"的"高",更是"高明""高雅""高贵"之"高"。

　　中华语言素来博大精深,同一个词语,在不同"语境"下含义如此迥异。

一杯易武茶的香气

　　易武生茶的香气,具有很强的节奏感。为了方便理解,我们以大家熟悉的香水"前中尾调"为例进行划分。

　　香水前调,是你第一秒嗅到的气味,决定了你对它的第一印象。易武茶的初印象,是以饱满的花香、蜜香、原野香作为主调的香气,而在不同的香型带上,则有着各自主导的优势香气。如花香带以花香为主,蜜香带以蜜香为主,原野香带以原野香为主。

　　当然这并非全部，花香带的茶中亦有蜜香，蜜香带的茶中不乏花香，越是环境优越的产区，原野香越是氤氲不散。

　　到香气中调，大抵会转化为以蜜香为主体的香气。这样的香气即便只是在鼻腔里，都能感受到它的甜度。极高的甜度饱满度，却丝毫不会让人产生腻感。

　　易武茶的中调比较长，也就是持续度很高。有人认为，中调才是香水的灵魂，真正精华所在，因为持续时间长，所以决定了出门示人的味道。这种观念，放在易武茶上不一定完全契合，但易武茶的中调，一定也是你感知时间最长、最能体会到的。

即便是尾调，清香与糯香，以及易武茶特有的甜香，依然会充盈整个鼻腔与口腔，再慢慢地淡去。

前、中、尾调的完美衔接，让易武茶的气质如行云流水，变化多端又余味不绝。故而坊间流传的易武茶"香高"，并非仅是指"香气高扬"，而是说易武茶的香气，具有极强的饱满度与持续度，有着充分的节奏感与变化度。

花香蜜韵原野气

如果以香水喻易武香气，略为抽象了些。我们不如插花焚香，布一场茶席，将不同区域的易武茶呈上，请君一赏。

闻香观茶，香气，无形更似有物，沁润心脾，花香、蜜香、原野香扑鼻而来，至口腔中满溢，再顺着茶汤滑入喉间，深入肺腑，穿透身体，让我们感受一杯茶的美妙……

花香带的茶，或花香清雅、细腻迷人，或香得大气、辽阔深远，或香气猛烈、冲击感强。品易武花香，如置身春天的花园中，

易武

百花竞放，带着春花烂漫的生机勃勃，无限春意尽在茶汤之中，妙曼婀娜，灵动洒脱。

蜜香带的茶，厚重饱满，蜜韵浓郁。似乎森林中寂静千年的芬芳，被沉入茶汤深处，馥郁丰满，愉悦着我们的味蕾与身心。笑语盈盈暗香去，蓦然回首，风姿超群。

原野香带的茶，裹挟着来自原始密林中的山野气韵，带着难以言喻的雄浑之气、狂放不羁，顺着丝丝缕缕的香气，飘然而至那一片片古老又隐秘的古茶园，感受万物杂生的自然与野性。

我见青山多妩媚

不可忽略的还有易武年份茶。因为区域与仓储的不同，无法一一穷尽列举。

我们好奇的是，这一杯易武茶，在时间的流淌中，产生了怎样迷人的变化？

"在合适的仓储条件下，易武茶香气具备厚重饱满、陈香显著的特征，还有着木香、果香、甜香，甚至还有菌香、奶香等。"

"香气持久，挂于杯中，也融于茶汤中；有蜜甜，香与韵在口腔存留度高。"

以上乃是大部分茶友对易武年份茶香气的评价，具备一定的代表性。故摘录出来，或许可为一窥易武中期茶面目，提供些许参考。

花香蜜韵原野气，是"我见青山多妩媚"，乃是出于我个人对易武群山的爱之深切，所总结出来的一点规律。至于在各位茶友眼中，"青山"是妩媚或妖娆，更偏向于个体感受。

无论以何种视角见易武群山，群山始终多娇。馨香满怀袖，丝丝入心，绵绵不绝，又怎能不让人"竞折腰"？

味觉的
探索

刚，如群山耸立，巍然挺拔。开天辟地，刚之力也。
柔，如西湖烟波，静谧和美。水滴石穿，柔之功也。
天地之道，刚柔互用，不可偏废。

随着易武茶的热度越来越高，每逢茶季，易武人
来人往，走马观花的多，道听途说、管中窥豹之事自
然也难免。

于是乎不知自何时起，易武茶"香扬水柔"的说
法尘嚣日上，我们不能认为它不对，但至少是以偏概
全的。

我们已经分享过易武茶在香气上的丰富性与多样
性，而如果回到滋味特点上，"香甜醇厚"应该是对
易武茶的直观表达，而"平衡细腻、刚柔并济"则是
易武茶的内在风骨。这些协调的滋味特征温柔了我们

的味蕾，给我们带来了"柔"的朦胧感。

"班章王、易武后"，我们称之为普洱茶行业一次最成功的营销逆袭，在前文《茶人的共识》中已经进行了详解，不再一一赘述。但是由此可见，易武茶细腻柔美、班章茶浓强刺激的滋味特点却已是市场的共识。

有名家点评："景迈茶，茶芽细嫩，性柔，女性更喜欢。班章、冰岛选育代数不如易武，所以茶气更

野性，更霸气，是男人们的最爱。而易武茶口感更柔和、更醇正，更具有高贵气质"。

从滋味上看，如果说浓强刺激、霸气外露的班章茶是豪放派的代表，那香甜醇厚、平衡细腻的易武茶则更彰显出东方美学的高雅。

易武茶的味觉密码

"君子矜而不争，群而不党"。易武茶一山一味，各自鲜明，但又融合在易武茶香甜醇厚的大产区特点之下，平衡细腻、刚柔并济，构成了易武茶耐人寻味的味觉密码。

易武至柔绕不开弯弓。茶汤入口，稠糯细腻，甜柔软浓，温润宜人，优雅的花香与馥郁的蜜香伴随着整个品饮过程，柔情似水，佳期如梦。如此"至柔至美"，却并非全无力道，悠长的韵味伴随着绵密的生津与强烈的回甘，似饮之有物，舌下清泉涌动，潺潺而来。

若以人喻之，弯弓如同月下天鹅湖畔的芭蕾舞者。天鹅展翅，水波荡漾，轻盈柔美，姿态优雅。芭蕾予人的印象，多为柔软、轻盈。但其实芭蕾是一门力量的艺术。起承转合间的行云流水，旋转、跳跃均离不开"力量"的支撑。柔软与力量，互为内外。

而若以位于易武三条香型带焦点的茶王树而论，易武茶的"刚柔相济"更易被感知。茶王树口感滋味高度协调，饱满厚重，入口干脆爽朗，甜醇柔滑间力透刚健，茶汤中山野气韵强烈，茶气十足，力量强劲。

茶王树，更像是风度翩翩的骑士。"承荣而生，载誉而死。心如吾剑，宁折勿弯"。不动声色的承担，是骑士的勇敢。从男孩到骑士，必须历经14年的艰苦训练。信仰、荣耀、勇气……在漫长的时光中，写就骑士的宽阔胸襟与慷慨风度。

西方骑士风范，对应到东方，应是君子风度。初心甚笃，外圆内方，不随时光世俗而流转，正所谓"谦谦君子德，磐折欲何求"。茶王树带给人的，是刚柔并济的中正平衡，如与君子相交，随方就圆，无处不自在。甜醇柔滑的茶汤，初见愉悦，刚健力度与开阔气韵，又让人久处不厌，爱之弥坚。

不论欣赏芭蕾之美，或是与骑士结交，都需要有阅历积淀，非有品位有内涵者不能领会其妙。

事实上，人选择茶，茶亦择人。鲁迅先生曾说"有好茶喝，会喝好茶，是一种清福"，不过"要享这'清福'，首先就须有功夫，其次是练习出来的特别感觉"。先生笔下"练习出来的特别感觉"，在读懂易武茶的路上，不可或缺。

所以很多人初试普洱，喜欢喝易武茶，因为香甜柔和，极好相处。随后往往出于"新鲜感"的探寻，不断尝试各种风格的产品。但最终，云烟过后，又转身回到易武。"易武，是茶人的起点，也是茶人的终点"。

易武茶"香甜醇厚"，"香甜"易懂，"醇厚"难读，非一日之功。日积月累，博观约取，便渐渐喝得懂易武茶"刚柔并济"的风骨。

易武茶的岁月魅力

普洱茶不谈时间不以成茶。自然转化的潜力，是评判普洱魅力的重要标准。相较于班章在新茶上就霸气浓强的先声夺人，易武茶浑厚的力量感往往是在后期才会慢慢呈现。霸道汹涌而来，不可持久，王道内外兼修，方有后劲绵长。

有茶人认为班章与易武，如同金庸小说里华山的剑宗、气宗之争，"班章如同剑宗，易武就是这气宗。头十年，剑宗可速成。再十年，各擅胜场，难分高下。但20年后，气宗则完全碾压剑宗，剑宗再难望其项背"。

我们曾经联合专业的科研机构进行过实验分析，十年左右的易武茶在转化过程中，新的内含物质不断生成并开始释放。

滋味与香气更加饱满厚重，陈香初显。茶汤饱满细腻、稠厚甜滑，茶汤与茶香融合度好；茶汤劲道更好，回甘生津且久久不止。

普洱茶，以"陈"为美，"越陈越香"的特点被市场所公认。当然，这里的越陈越"香"，"香"是泛指，也就是"越陈越好"的意思。而易武茶，越陈越醇厚的特点，才是"越陈越香"的具体表达。

新茶始成，只是定格风味的第一步。漫长的岁月，赋予了易武茶更醇厚浩瀚的生命力。时光褪去了新茶的水气，随着岁月流转，茶气愈足，劲道愈强。茶汤品质与饱满度愈发厚重饱满，丰韵细腻，香气变化丰富，如平波之下暗涌不绝，力透刚健，如有实质似能穿透身体，既有力量感，又是长者的纯然敦厚，久久不愿释杯。

刚柔相济 阴阳相成
方是王者之姿

"天下无王，霸主则常胜矣"，霸气汹涌的班章，新茶浓强刺激，随着时间陈化，"一鼓作气、再而衰……"，茶气由强转弱。

但是中国人对普洱茶乃至中国茶的传统认知，从来都不是简单的"霸气浓强"所能概括的。

如今易武茶王者归来，刚柔并济，渐入深境。如果没有体验过易武的雍容典雅，没有品味过易武的醇厚连绵，试问谁敢妄谈自己真的懂普洱呢？

《道德经》有言："万物负阴而抱阳，冲气以为和。"太极也最讲阴阳协调，"阴阳相济，方为懂劲"，也需苦练多年才能初窥此中门径。"极柔软，然后极刚强"，阴阳依存，相生发，相转化，乃是规律。曾国藩曾云，太柔则靡，太刚则折；刚自柔出，柔能克刚。刚柔相济，方是王者之姿。

气韵的
底色

一碗喉吻润，二碗破孤闷。

三碗搜枯肠，惟有文字五千卷。

四碗发轻汗，平生不平事，尽向毛孔散。

五碗肌骨清，六碗通仙灵。

七碗吃不得也，唯觉两腋习习清风生。

蓬莱山，在何处？玉川子乘此清风欲归去。

一杯清茶，润喉、除烦、灵感渐生挥毫泼墨，乃至生出羽化成仙的美境。醒神益体只是茶的"基础功能"，茶之妙，乃在于升华灵魂，凝聚万象，氤氲茶香与你身心呼应，圆融两观，妙不可言。

喝茶的境界

喝茶有境。《七碗茶歌》如此备受推崇，在于很生动地描述了喝茶一层层渐入佳境之过程。从"解渴"到"好喝得趣"，渐次至"肌骨清"的直观身体感受，进而"通仙灵"灵台清明，再进则徐徐欲仙。妥帖精辟，千古传颂。

茶之气韵，从来云云者都是玄之又玄，可意会却难言传。卢仝是位大茶客，《七碗茶歌》把一位品茶者的成长路径展示得淋漓尽致。也让我们在追逐路上有迹可循、有章法可摸索。我们不妨将此路径略作分类，构成一杯茶汤审美上大致的画像。

第一重：健康之味（健康体验）
第二重：感官之味（滋味体验）
第三重：气韵之味（韵味体验）
第四重：身心之味（身体体验）
第五重：岁月之味（岁月体验）

健康之味。"柴米油盐酱醋茶"，凡是有中国人的地方就有茶。我们对茶最初的记忆，大抵始于记事起，长辈端着的茶杯开始的。潜意识的认知里，"喝茶是好的"。即使没有受过茶叶方面的专业教育，"茶等于健康"，这个模糊的意识一直根植于中国人的 DNA 中。事实上，茶叶也是全世界公认的健康饮品。"一碗喉吻润"，一杯健康的茶，是多数人对喝茶的第一重需求。

感官之味。耳目之染，感官所得，不外乎色香味形，这是中国人对饮食的传统审美。一杯好喝的茶，也在色香味形之间，汤色如何、香气如何、滋味如何，云云。"二碗破孤闷"，把茶喝出点乐趣了，追求一杯好喝的茶，往往是饮茶人进一步的探索。

气韵之味。口腹之间，韵味自生。韵，声音均匀、和谐动听之意。茶汤除了色泽、香气、滋味外，还有自己独有的韵味。这样的韵味是滋味协调之间的审美升华，这是属于上帝的密码。如同没有谁能搞懂 0.618 黄金分割线的神奇设计，这是茶与生俱来的气质。韵味，如音乐之韵律，与心中的审美标尺契合，便沉醉于斯，"三碗搜枯肠，惟有文字五千卷"。

身心之味。"四碗发轻汗，平生不平事，尽向毛孔散"，

　　茶汤下肚，身体酣畅淋漓。心意所舒，或愉悦舒适，或欣然快意，或激昂兴奋，或豁然开朗。如饮甘醴，如沐春风。这何尝不是茶汤与身体的共鸣，自然有了"五碗肌骨清"之感。

　　岁月之味。是岁月陈酿出的超脱淡然、醇厚芬芳。此间真味，重神不重形，在意不在形。"六碗通仙灵""七碗吃不得也，唯觉两腋徐徐清风生"，这碗茶里装着时光，将岁月沉积的点点滴滴浓缩在茶汤之间。

一杯健康的茶、一杯好喝的茶是饮茶的基础，而茶人对易武茶的探索，从来都不止于口齿之间的追求。易武茶特有的气韵，层层叠叠次第绽放，迷倒无数茶人。

易武茶的气韵

余秋雨先生嗜普洱茶久矣，对易武茶诸多名品多有嘉言，诸如"磅礴雄厚""幽雅内敛""一阳一阴，一皇一后""兼得磅礴、幽雅两端，奇妙地合成一种让人肃然起敬的冲击力，弥漫于口腔胸腔"。

紫藤庐主人周渝先生，曾数次来到易武寻茶，"茶气雄厚""有胶质感""富有易武茶区特殊开阔的茶气与能量""带清凉感，散发着原始森林的气息""饮之通畅经络，安定心神""散发原始土壤香气""茶气很强，号级茶里有几款都是很开阔的"……

易武茶复兴的先行者吕礼臻先生，认为易武茶"醇厚、绵长、温和而底蕴十足"。

众茶友对于易武茶之气韵感受，偏重于个体经验与感悟，难以定论。但几位虽着墨立场不同，仍有异曲同工之处。如"茶气强""开阔""磅礴雄厚""醇厚绵长""幽雅"等，可成为我们借鉴与感受易武气韵的关键词。

气韵的底色

易武茶气韵开阔，气象万千却又骨架峻朗，无上清凉。它的含蓄内敛，圆融和谐，自带着一种东方文化的优雅与高贵。

肇始于五千年前的中国文化，蕴藉丰厚，深远阔达，往内进化出"天行健，君子自强不息"的铮然风骨，往外表现为"地势坤，君子厚德以载物"的谦谦德行。

故而东方的优雅，有含而不露，深沉内敛又风骨卓然的一面：擅画牡丹者，仅以墨色晕染，只一丛乃至一朵，就可盖住整个春天的姹紫嫣红。或深或浅的墨色尽展雍容，无需将"真国色"纤毫毕现。

花开时节动京城的绝代风华，到画家笔下，却不动声色地克制着。贵气而不张扬，自有一种深厚博大的气象。

至梅兰菊竹，感物喻志，根源于中国人对审美人格境界的神往："疏影横斜水清浅，暗香浮动月黄昏"，是梅妻鹤子的清高自适；"气如兰兮长不改，心若兰兮终不移"，兰若高洁典雅的世之贤达。

"宁可食无肉，不可居无竹。无肉令人瘦，无竹令人俗"，竹之清雅淡泊、超群脱俗，东坡自喻之；"耐寒唯有东篱菊，金粟初开晓更清"，凌霜飘逸，菊堪为世外隐士。如此信手拈来，又浑然天成，只有中国文人才能领会其妙。怎么能去翻译呢？翻译是一种伤害。

然而东方气韵的优雅，又并不止于含蓄内敛。峥嵘内具，"试看天地翻覆"。天才而自知，至激荡处，如司马迁在《史记》序中，以五百年才出一位的周文王、孔子自比："意在斯乎！意在斯乎！小子何敢让焉！"斩钉截铁，当仁不让，落落大方的丈夫气概。

孟子更是明人不说暗话，直接摆明态度："夫天未欲平治

天下也；如欲平治天下，当今之世，舍我其谁也？"——如若要让天下太平，当今世上，除了我还有谁呢？言之凿凿，铿锵有声。想来孟轲先生也想低调，借一句网络流行语——"但是实力不允许"。

易武茶这种近乎"圆融的刚执、崇高的温柔"，格物致知，尽易武茶之"性"，可见自己，见天地，见众生。

留白的艺术
虚实相生 心到神知

普洱茶是时间的艺术。易武茶，将想象的空间留给时间。新茶"未满"，如同中国画的留白，惜墨如金，虚实相生，"将自然山林、花鸟虫鱼退移到画幅一角，留下的空间还诸无尽天地"。

然而留白的大片区域同样生机勃勃：观齐白石之虾，留白处可见水之清澈；赏徐悲鸿之马，奋蹄处可感风的速度。

易武茶"越陈越醇厚"的高妙呼之欲出。然而这种沉湎在时光里的幽深微妙，任谁也无法一一道尽。茶与茶的差别，生命与心的精华，如空中之音，相中之色，水中之影，镜中之像，言有尽而意无穷。

我们只能年年月月在茶桌边细细品评，一次次感悟茶语人生中无比深阔的天地，口到意到，心到神知，品味"心物一元"的无限。

"得甜独厚"
的魅力

因为利益或者立场的关系，关于普洱熟茶的创制史以及创立人众说纷纭，我们已经无法用清晰到个体的方式来判断。

但毫无疑问的，无论他们是谁，这个伟大的时代也正是因他们而起，它不仅是普洱茶工艺探索的延展，更是形成了普洱生茶熟茶"绝代双骄"的品类组合，从此纵横茶界，为有着不同需求的茶客们提供了更多样的选择。

这是一个非常好的开始，我们不妨回顾一下普洱熟茶的整个进化过程，在时代变幻中去看看熟茶的市场发展脉络。

普洱熟茶的 1.0 时代，源于 20 世纪 70 年代。为了解决普洱茶消费市场自然陈化周期过长，老茶供给紧缺的问题，以追求普洱茶快速熟化为目的的渥堆发酵工艺应运而生。其品质追求甜滑陈香，刺激性弱，而其独有的保健价值更是风靡一时，这在大众消费市场颇受欢迎。这是一个开创性的时代，也是属于日饮茶的时代。

大约到了20世纪90年代中期，熟茶发酵技术已经日臻成熟，熟茶产品畅销海内。但消费市场却不再满足于此，老茶客们对熟茶产品提出了更高的品饮要求，普洱熟茶开始迎来了自己的2.0时代。生产工艺上寻求各种变化，滋味上追求饱满醇厚，熟茶消费市场进入到品饮茶的时代。

随着消费需求的不断升级，近些年来，生产者开始在工艺上打破常规寻求新的尝试，市场需要更具风格特点与个性化的熟茶产品。在日益挑剔的消费市场推动下，普洱熟茶迎来了自己的3.0时代，它在真正意义上开启了熟茶品鉴消费的新纪元。

而岁月知味，作为深耕易武15年的易武茶代表性企业，我们一直在传承和探索易武茶的过程中不断尝试。因缘际会也好，机缘巧合也好，在市场的需求性和岁月知味对易武普洱深耕之后的理解这样的双重作用力之下，易武熟茶应运而生。

客观地说，易武熟茶的制作并不容易——因为发酵难度高，

同时原料成本高、生产风险大，很容易出现口感平淡等问题。我们在易武熟茶的生产问题上顶着巨大的压力。

　　但是幸好，对于易武的深耕，使得我们有足够的底气和认知来解读易武的熟茶。具体的工艺在这里不多做赘述。

　　2015 年，岁月知味出品的"易德"，正是易武熟茶的标志性产品。这是岁月知味在经过了五年实验的前提下，制作出的一款具备鲜明易武特征的熟茶。

　　说到这里，我们不得不再重复一下易武茶的特征。我们对于易武茶的口感定义，并非如外界描述的"香扬水柔"那样简单，而是香气变化度极高，更重要的是转化后的易武茶非但维持了之前香扬水柔的特征，更具备了良好的醇厚口感和丰富的香气。这才是真正的越陈越香、越陈越厚。

这样的描述针对的是易武生茶，但作为一款熟茶，"易德"也几乎完全展现了这样的滋味。有资深茶友描述易武熟茶的风格是：有骨有肉，同时还有好的香气，汤质还细腻。就主流审美来说，这种风格极为讨喜、完美，这就是易武熟茶的难得之处。

如果我们用更细节的方式来解读的话，则可以说易武熟茶的香气带着木质香与花果香，这样的香气并不张扬，显得有些低沉却馥郁；当喝到嘴里的时候，呈现出含蓄而有力的甜；在汤感上，更有果冻一般的胶质感和木质感，让人尤其感觉到茶汤的厚实细腻。

这样的描述几乎可以完全地照搬到"易德"的口感描述上来，但就我个人的认知而言，这并不完全准确。事实上，对于易武熟茶以至于"易德"，我个人的体验用四个字可以概括："得甜独厚"。

甜是易武茶的甜，我们无论从易武的生茶和熟茶中都能找到这样的味道，正如我们刚刚所说，这样的甜是含蓄的，但充满了张力；而厚则并非只仅仅是厚实细腻可以形容的，更多的是在时间的作用下，易武熟茶的转化可以给人无穷的惊喜——如果说用"易德"来呈现这样的厚，那么我们可以说茶汤的厚度和黏稠度随着时间的推移不断加强，顺滑柔和度也会增强，韵味十足，香与韵在口腔存留度很高。这几乎就是易武生茶的转化路径，更是易武老生茶的口感呈现。

所谓"得甜独厚"，正汇于此。

大器晚成的
易武熟茶

　　对于普洱茶的风格认知，往大产区说，易武、勐海、临沧、普洱，多数茶友都有着自己的基础认识。往小的产区看，易武的麻黑、茶王树，勐海的老班章、南糯山，临沧的冰岛、昔归，普洱的景迈等，发烧友们往往也能娓娓道来。

　　但是大家习惯的描述标的，往往是以生茶或原料作为基础，生茶变化明显，风格更为清晰。

　　作为深耕易武产区的代表企业，我们就易武产区的花香带、蜜香带和原野香带为大家分享过易武茶的产区风格特点，因为体验与验证更为直观，这些观点也获得了多数茶友的反馈和认同。

　　今天，我想从熟茶的角度，为大家分享一下我对熟茶产区风格特点的认知差异，这是一个市场谈及较少的话题。

客观上讲，诞生于 20 世纪 70 年代的熟茶产品，因为其工艺复杂，所涉面众多，原料、工艺、温度、湿度、微生物等等，在这里我们就不从头说起了，更不从植物学和茶树品种的角度出发细讲。第一是消费市场对这个并无太大兴趣，第二是篇幅所限。所以，我们还是从产区口感入手——毕竟，这才是茶友认知的主要渠道。

事实上，在此之前还从未有人对熟茶产区进行过明确划分，我们仍旧从大家熟悉的主流大产区角度进行分类——勐海产区熟茶、临沧产区熟茶、普洱产区熟茶，以及易武产区熟茶。

普洱熟茶不同产区风格对比

产区	香气	滋味	汤感	风格综述
勐海产区	香气均衡沉稳	浓酽厚重	稠厚有胶质感	厚重饱满 均衡沉稳
临沧产区	木质香突出	甜度高	清爽	香气突出 滋味甜爽
普洱产区	淡淡的木质香	甜润清柔	平和	醇和平顺
易武产区	木质香与花果香 沉稳馥郁	丰富而有力的甜	厚实有胶质感	得甜独厚

先从勐海产区说起。勐海产区熟茶是大家最耳熟能详的,历史原因所形成的"江湖地位"不可替代。在上文分享熟茶市场的演变史中,勐海产区的熟茶产品在市场早期的1.0时代和2.0时代几乎影响了整个熟茶市场。

有资深茶友是这样描述勐海产区熟茶的:勐海熟茶的香气均衡而沉稳,茶汤表现得浓酽厚重,较为饱满,汤体稠厚,带着明显的果冻感。很明显,在40余年不断的工艺成熟过程中,勐海产区已经完成了从1.0时代向2.0时代的进化升级。

而临沧产区熟茶其实多数是以勐库为样本的,这样的熟茶一入口就显得甜度比较高,而且木质香也很突出,这两种较为显性的特征为临沧产区的熟茶搭了一个不错的骨架,形成了临沧产区熟茶鲜明的记忆特点。

普洱产区较长时间内一直作为云南主要的滇绿产地，前期熟茶产品市场所见不多。就风格而言，普洱产区的熟茶相对平和，有茶友说，这里的熟茶甜润清柔，木质香明显，自有谦谦君子的醇和。

　　相较而言，易武产区的熟茶产品出现较晚，产品的生产传统、原料成本的高昂、工艺难度和风险代价等都成了易武熟茶姗姗来迟的原因。

但在普洱熟茶市场进入到 3.0 时代的下半场，作为熟茶市场的后起之秀，易武熟茶却隐约有些青出于蓝、后发先至的意味。易武特有的优质原料基础，加之日臻成熟的熟茶工艺打磨，让易武熟茶在自成一派的同时，悠然有着集各个产区之长的幸运。

前文中说到一个词，"得甜独厚"。这也是我对易武产区熟茶下的一个基础定义，这也是易武熟茶自成一派的基础。

首先，从香气上来说，易武熟茶的香气带着木质香与花果香，这样的香气并不张扬，显得有些低沉却馥郁。

其次，当茶汤喝到嘴里的时候，呈现出丰富而有力的甜，而且这样的甜度持久并且入喉很深，充满了张力。

再次，在汤感上，易武产区的熟茶有果冻一般的胶质感和木质感，口感柔顺，这让人尤其感觉到茶汤的厚实细腻。

最后，也是最重要的，在易武产区熟茶的预后上，就像易武生茶的转化路径一样，越存越醇，越存越厚——汤的厚度和黏稠度随着时间的推移不断加强，顺

滑柔和度也会增强，韵味十足，香与韵在口腔存留度越来越高。

　　或许，"得甜独厚"，自成一派，这就是属于易武熟茶特有的味道。

易武白茶的
本真之味

　　做茶以来，我在云南待了很多年，耳濡目染也听过不少西南地区的民俗方言，而其中一句令我印象尤为深刻："好吃不过茶泡饭，好看不过素打扮。"这句西南地区广为流行的谚语，堪称人生金句，令我受益匪浅。也逐渐明白一个道理：雍容华丽终是烟云，返璞归真方得始终。

⊙ 位于易武的岁月知味白茶初制所

那么，这道理倘放到茶叶上来观照，又何尝不是令人信服的哲理？茶叶的素打扮，恰恰是不炒不揉、自然干燥，最后化为香甜可口、最具本味的白茶。而这种素打扮的无数可能性，在我最关注的易武产区，又是否成立呢？

我和整个团队曾经非常好奇，用易武老树内质丰厚的鲜叶，加以白茶技法，会不会能捕捉到易武产区最本真的天性？

试试吧！我们都想满足自己的好奇心。抱着对易武产区无限的崇敬与热爱，试图向诸位热爱易武产区的茶友们，揭示它最淳朴的面孔——是否集甜润醇厚和花香蜜韵于一身呢？于是，从2014年开始，深耕易武产区多年的我们，开始了对易武老树白茶的研发。

当时摆在大家面前的无非两个重点，一是原料，二是工艺。

就原料来讲，自然是取易武百年老树鲜叶，虽然其品相与市面上的其他白茶产品相比，未必为最佳，然而实际上百年老树之鲜叶叶面更厚实、梗更粗长、内质也就更为丰厚，这一点喝过易武古树茶的人应感同身受。而正因为易武百年老树之鲜叶作为原料，这款易武老树白茶也就在甜度厚度、花香蜜韵上有着天赐的优异品质。

◉ 位于易武的岁月知味白茶初制所

　　再说工艺，白茶的制茶工艺无非萎凋走水和干燥两个环节。但易武身处云南山区，风土气候与福鼎、政和大相径庭，日照时长、温度、湿度、风向时长皆不可类比，倘若对易武日晒风土不知其时、不知其变，皆不可成。

那么，在易武扎根多年的岁月知味制茶团队便有了发言权。我们不仅了解易武茶的特质，同样也了解易武本地的气候风土，在充分掌握了这些本地风土气候"大数据"基础上，根据实际情况和白茶工艺来制作一款优秀的易武老树白茶，虽然难度不小，但最终也是水到渠成的事。

可以分享的一点就是，就制作上来说，易武老树白茶相较于其他白茶品种难度更大——走水的难度更大，均匀度控制更难，但是我们花了几年的时间，终于解决了工艺的问题和规模化制作的问题。

当然，我们的行事风格也并非闭门造车。在研发过程中，我们还选择了易武、景谷、福鼎产区同样年份的原料，花了三年多时间去研究不同产区原料带来的口感滋味变化、不断调整工艺，观察仓储对白茶的陈化影响，等等。

最终在2017年下半年，正式出品易武老树白茶。毫不讳言地说，我们用了最严谨的态度来对待这一款产品，因为这不仅仅是一款岁月知味的产品，同时，它也是最能反映易武产区本真本味的代表之作，是岁月知味深耕易武多年之后，向世人介绍易武风格特点的一款作品。

你可以这样去理解易武老树白茶的风格特性：蜜韵花香，自然天成，这是对它的比较到位的理解和总结。

如果转换一下描述方式，单纯地以口感来进行描述的话，那么会是：蜜韵足，花香明显，茶汤稠厚度的优势很显性，茶汤的甜度高，更比其他白茶的耐泡度要高得多。

当然，我们知道，对于白茶爱好者来说，除了新茶是否甜润适口之外，后期转化是否有惊喜也是他们极为关心的。

以福鼎白茶为例，讲究的也是以存放和后期转化为核心的基本概念，正所谓"一年茶，三年药，七年宝"，如果将这个概念放到易武老树白茶上来看，"越存越香，越存越厚"是成立的。

而且更有优势的是，在岁月知味的研究过程中我们发现，易武老树白茶存在一个相对的转化优势——出药香速度比其他产区更快。

对于白茶品饮爱好者来说，这应该算是一个利好消息。不过需要指出的是，易武老树白茶对仓储要求也很严格，一定要控制好温湿度，这是白茶的基础工艺决定了它对仓储的要求特别高。

忠于本色，源于本味。我很殷切地盼望各位白茶爱好者能试一试这款带有易武产区风格的老树白茶作品，更希望诸位倾心易武产区的普洱茶爱好者，也来感受一下这款最能展示易武本真风味的作品。

易武茶的
转化路径

众所周知，我毕业于法律专业，并非农业大学抑或是专业茶业院校的科班生，按现在流行的表达方式来说，就是一个野生的茶叶研究人员。

但还好的是，我所学的专业让我具备缜密的思辨方式——一个法律工作者不严谨的话，天知道会对社会带来多大的危害。正因为此，我一直用最苛刻的方式来进行对茶叶的研究。

作为一片生普，被定义为后发酵茶，这决定了是时间给予了它更好的味道，那么在时间的长河里，它又是如何进行转化的呢？3年、5年、8年、10年的生普，其内物质的变化又是如何呢？严密的实验将会是科学的依据。

那么，我们又将采用什么样的样本呢？

　　第一，它得是易武茶，毕竟，作为最传统的普洱茶出产地、古六大茶山的所在地，易武茶有足够的历史底蕴和样本代表性，而我多年的喝茶感受告诉我，易武茶在预后上更好，与临沧和勐海茶比较起来，它的茶气不会随着时间流逝。

　　第二，它必须是一款合格的产品，这意味着无论从含水率还是其他，都要符合国家标准的要求，要知道，如果含水率高于 10%，是容易发生霉变的。

◎ 看得见的转化

第三，这是一款在仓储上吻合要求的产品，肯定不能是湿仓，也肯定不能是来自多个区域，最低限度，要具备良好的保温和湿度，要具备良好的通风环境，而且还不能是多地仓储的产品，仓储地的温度干湿度对于转化的影响都不小。

第四，要一款无论从原料品质，还是拼配理念上都得算精品的茶，毕竟我们是想喝茶，而并非想自虐。

好吧，现在我们用的是岁月知味从 2006 年就开始定型，并且持续生产的一款产品——易武古韵，该产品有以下特征，这是一款精品易武生茶，有足够长的生产时间和足够多的产品样本，更是储存在东莞的岁月知味仓库中，有着足够科学而良好的仓储环境，更是完全吻合国家普洱茶标准的。

就是它了!

于是，我们选择了 5 个样本，分别是 2006 年、2009 年、2011 年、2013 年、2015 年的易武古韵，而且它们仓储条件都一致。

首先，水分的检测，详见下表。在检测中，我们可以看到，易武古韵的 5 款茶样含水量为 9.18% ~ 9.59%，且相互之间差别不大，也都在国家标准规定的范围之内，这保证了实验过程中样品的品质基础。

◆ 茶叶水浸出物总量的结果与分析

茶叶水浸出物（全量法）

样品名称	2015 年易武古韵	2013 年易武古韵	2011 年易武古韵	2009 年易武古韵	2006 年易武古韵
含水量（%）	9.18	9.59	9.22	9.18	9.49
称样重（g）	1.5024	1.5017	1.5008	1.5007	1.5025
样品干物重（g）	1.3645	1.3578	1.3624	1.3629	1.3600
水浸出物重（g）	0.1011	0.1043	0.12	0.1016	0.0973
水浸出物（%）	37.05	38.41	44.04	37.27	35.77

其次，观察茶水的浸出物。所谓浸出物，是茶叶水溶物质的总和，包括儿茶素、咖啡碱和氨基酸、糖类、果胶等，是茶汤滋味的综合体。简而言之，我们喝的茶，就是水和茶叶的浸出物。水浸出物含量的高低反映了茶叶中可溶性物质的多少，标志着茶汤的厚薄、滋味的浓强程度，从而在一定程度上还反映茶叶品质的优劣。

当我们用 HPLC 法（冲泡法）来测试这 5 款茶的浸出物的时候，会得到这样一个结果，由下图可以看出，在陈化过程中，除 EC（儿茶素其中一种）外，CAF（咖啡碱）、EGC（儿茶素其中一种）、DL-C（儿茶素其中一种）的含量整体都呈现下

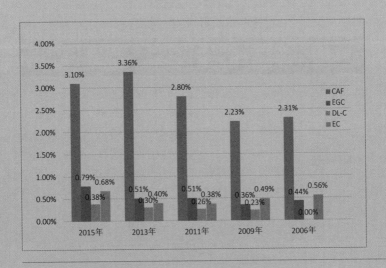

◦ 易武古韵 5 款茶样 HPLC 法（冲泡法）测量总量

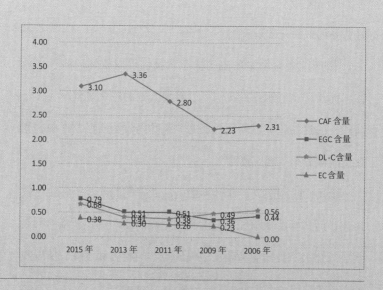

◉ 易武古韵 5 款茶样 HPLC 法（冲泡法）测量总量

降趋势，DL–C 含量的降幅最大，CAF 的含量相对于其他成分较稳定，这与它的化学性质不是很活泼有关。EC 的含量先降后升，这可能与陈化后期酯型儿茶素的降解和 DL–C 的异构化有关。

通过对比发现图中 4 种成分随着年份的变化具有一定的阶段性，大致为 2013 年和 2011 年为一个阶段，2009 年和 2006 年为一个阶段。这种现象与茶叶的感官审评中发现 2013 年和 2011 年的口感相似，2006 年和 2009 年的口感相似，具有相同的结果。这说明茶叶内含物质在这些茶样中的变化，不是成线

第三章 风味密码

265

性关系的，而是分阶段的。

按照图表中所呈现出的状态，我们可以找到一些转化规律，而按照这些规律，我们可以将易武茶的陈化过程分为 5 个阶段——这与我们在前面提及的"茶叶内含物质在茶样中的变化呈阶段分布"相一致。

让我们回到图表，在样本中，易武古韵的前 3 年转化比较迅速，而多年的饮茶经验告诉我们，在前面两年，新茶的鲜爽都还未褪去，我们能从茶汤中喝到足够的花香和蜜香，所以我们把这个阶段命名为鲜香期。

而在陈化到了 3 年左右的茶开始有波动了，我们可以在图表中看到一条向上的曲线，这个曲线上扬的阶段一直延伸到 5 年左右——这代表存放了 3 ~ 5 年的茶正处在剧烈的转变过程中，香气滋味都变得很不稳定、难以捉摸。能影响茶叶色、香、味的各种物质所积蓄的"洪荒之力"仿佛都被唤醒了，并集合在一起激烈地碰撞，一些物质分解了或者合成了，一些挥发了或者沉淀了。所以，我们把这个阶段称为波动期。这个时期的茶叶，会比较尴尬，香气不够明显，而且协调感也不算好。

当尴尬的波动期一过，茶叶便进入了回味期。这就是图表中那条向下的曲线开端的地方，大概时间是陈化到五六年的时候。我们在图表中可以看到，在这个阶段，儿茶素和咖啡碱这一类物质逐渐减少并转化，这表示易武古韵中的苦味和涩味会在这个时间段分解掉，而另外一些甜味物质会产生。这是品质第一次小的定型，这时期的茶，不仅滋味更丰富，而且果香很明显，甚至会带有天然的淡淡果酸，能给口腔无穷之回味。

所以，回甘期也是适饮期。

从第八年开始，一直到第九年结束，图表中的儿茶素和咖啡碱等物质持续下降，这意味着茶叶中的苦味和涩味几乎褪尽，

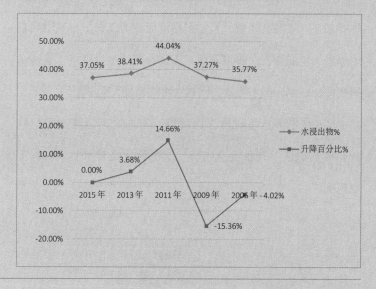

⊙ 易武古韵 5 款茶样 HPLC 法（冲泡法）测量总量

这个时候的茶叶将呈现出香气和滋味都很厚实，有一种割断植物时的纤维香，我个人把这样的香气叫作梗香。在这个阶段，茶叶的口感相对稳定，具备极强的适饮性了。我们将这个阶段命名为稳定期。

继续看图。从第十年开始，我们可以看出来，图表中的曲线再次上扬，这代表着茶叶中的新物质已经完全合成并开始释放，于是我们能喝到滋味和香味更加厚重饱满的易武古韵，而且陈香味也逐渐地开始显现出来。这个阶段，我们将其称为饱满期。

这个阶段的易武古韵，茶汤转化为浅橙红色，清灵透亮。陈香初显，果香、木香、蜜甜香融汇而成的复合型香气饱满丰盛。茶汤饱满细腻、稠厚甜滑，茶汤与茶香融合度好；茶汤劲道更好，有涩，但不明显，回甘生津均匀且久久不止。

这几张图表上呈现出来的数据，与易武茶越陈越香、越陈越厚的说法，几乎完全吻合。这也许才是苦尽甘来的真正意思吧。

◉ 岁月知味持续建设的专业仓储体系

第四章

岁月史诗

浩渺三百年星汉灿烂

传世经典著岁月史诗

一叶见风景 一壶赏陈韵

处庙堂之高则君王欢

居江湖之远则风云笑

贡茶时代 易武茶的贵族荣光

20世纪60年代，北京故宫整理茶叶库房的时候，清点出一大批没有消耗的清宫贡茶2吨之多。当昔日名山绿茶都已多数炭化，却唯独有一种团茶"不霉不坏，保存完好"，它们"大者如西瓜，小的如网球、乒乓球状，茶色褐黑"。

这些就是数百年前，由滇南山民一路人背马驮，从古六大茶山深山运抵思茅厅，再汇总于普洱府，随后进入昆明，最后一路北上进京的普洱贡茶之一种（当时清点出的有金瓜贡茶、女儿茶、茶膏等不同品类，此为金瓜贡茶）。20世纪60年代，因茶叶减产，内销市场供应不足，于是这批故宫普洱团茶，最后都被打碎筛细，拼入散茶卖掉了。

今天，在网罗奇珍、国宝汇聚的北京故宫博物院，所剩能供后人追忆的普洱贡茶藏品已经不多。但这为数不多的几件绝世珍品茶上，所凝结的那一百多年的贡茶史，以及这一百多年对于后世今人、对整个普洱茶发展史的影响，早已经渗透在普洱世界如网密布的"毛细血管"里。

● 故宫博物院馆藏的清宫贡茶
（图片由刘宝建老师提供）

一场影响深远的"普洱茶变革"

云南，世界茶叶的起源地，关于茶树的种植、栽培和饮用，已有数千年的历史。古六大茶山孔明兴茶的传说至今仍被当地少数民族所信奉。但在成为清朝贡茶而闻名于世之前，云南茶叶其实长期是一种默默无名的存在。

关于云南茶的历代记载，唐朝樊绰的《蛮书》写道："散收无采造法，蒙舍蛮以椒姜桂和烹而饮之。"宋朝的《续博物志》一书也有相似记录。一直到了明朝《滇略》中，作者谢肇淛的记录依然是："滇苦无茗，非其地不产也，土人不得采造之方，即成而不知烹瀹之节，犹无茗也……士庶所用皆普茶也，蒸而成团，瀹作草气，差胜饮水耳。"（普茶，即普洱茶也，普洱茶的名称首次开始见诸史料。）

总而言之，采制之法不得要领，略微比喝水强一点，这是云南茶一直到明末的普遍状态。但作为地方特产，"九土述职，各贡方物，以效诚耳"，在封建王朝朝贡体制的背景之下，普洱茶仍时常作为"地方方物"敬献皇庭，这也是不少学者认为的普洱茶的"土贡"时代。

而普洱茶以尊贵身份进入帝廷，根据相关资料，最早应该是从康熙年间就已经开始了。"自康熙朝始，云南督抚派员支库款，采买普洱茶5担运送到京，供内廷作饮"。目前可查的文献中，也有大量康熙年间云南督抚及地方官员向皇帝进贡普洱茶的记载。有着肉乳饮食传统的满族统治者入主中原之后，很快在各地进贡而来的众多贡品佳茗中，发现普洱茶"最能化物"。随后，"遂成定例，按年进贡一次"。

雍正改土归流之后，朝廷正式将普洱茶列入《贡茶案册》。而宫廷的指定需求，以及官方的介入督办，开始对普洱茶提出了更高的工艺和品质要求。可以说，这对于整个普洱茶产业，都有着奠基性的时代意义。

到了乾隆中期，《滇南新语》中已有记录："普洱茶珍品，则有毛尖、芽茶、女儿之号。"毛尖就是雨前所采散茶，芽茶较毛尖稍壮，女儿茶亦芽茶之类，可见清朝时期，对普洱茶的采摘时间、嫩度、等级等都有了很多讲究。

八色贡茶的制作，更是丰富了普洱茶的诸多加工方式。"每年备贡者，五斤重团茶、三斤重团茶、一斤重团茶、四两重团茶、一两五钱重团茶，又瓶装芽茶、蕊茶、匣盛茶膏，共八色……"，普洱茶有了诸多的"打开方式"。

贡茶制度的不惜人力、不惜工本、选料精细、标准严苛，相对此前粗犷随意的土法制茶，堪称一次历时一百多年的"基因改造"。

这场"改造"的影响至深，甚至延续到了今天我们对普洱茶茶园管理、工艺制作、品饮品味等各种认知的方方面面。

以易武茶为核心六大茶山地区，逐渐形成了"高香甜、低苦涩"的滋味特征，这与西双版纳少数民族传统以"苦"为尚的风味审美形成了巨大的反差。香甜醇厚的易武茶，树立了普洱茶的基础价值审美，"清香独绝""味最酽"，酽者，即汤厚也，乾隆皇帝写诗称赞"独有普洱号刚坚"。

雍正年间颁布的"云南茶法"，则奠定了"七子饼茶"的基础雏形。"系七圆为一桶，重四十九两，征税银一分，每百斤给一引……饬发各商行销办课，作为定额，造册题销"。虽然彼时老斤度量衡计重与后来的市斤略有差异，但"七两一圆，七圆一桶，每百斤为一引"（老斤一百斤约合今天 120 市斤，60 公斤）的定例却传承了下来，成为后世人们所熟悉的"七子饼茶"（亦谓"七子圆茶"）。

七子圆茶作为清代普洱茶里的"国标茶"，因为有官方监督，在加工规范、品质质量上都稳定可靠，一路传承到了民国商茶时代，茶庄茶号们彼时加工和销售的茶品几乎都是七子饼茶。《傣族史》记载："茶市有江内江外两区，江内以易武为中心；江外以勐海为中心。江内以制造圆饼茶为主，即一般所谓普洱茶……江外以制造藏庄紧茶及砖茶为主……"

后期，它们随着贸易的流转销往广东、香港以及东南亚各国，几乎等同于海内外消费者对普洱茶基本形态和声誉口碑的认知，谱写出一曲海内外传唱百年的"七子之歌"，影响可谓深远。

易武 贡茶时代的中流砥柱

今天，"瑞贡天朝"仍然是普洱茶爱好者津津乐道的故事，清朝皇帝曾先后多次赏赐"瑞贡天朝"的匾额至易武，一说有宝匾五块，一说有三块。其间因历史原因各有损毁，目前仍存世一块。

◎ 藏于易武茶文化博物馆中的"瑞贡天朝"牌匾复刻版

关于这些牌匾流传着多个版本的故事，最有名的是道光皇帝版。据称道光帝饮罢所献的易武茶，连赞此茶"汤清纯、味厚酽、回甘久、沁心脾，乃茗中之瑞品也"，遂赐牌匾"瑞贡天朝"。

今天的易武，"中国贡茶第一镇"的金字招牌已经被广大茶人所熟悉。但易武的成长史，却是一个有趣的话题。

事实上，在改土归流之前，六大茶山第一阶段的"中心"是围绕莽枝茶山展开的。六大茶山元明时期早已茶园成片，明末清初，就有汉籍茶商进出茶山买卖茶叶。到了康熙初年，莽枝茶山的牛滚塘已经是六大茶山北部主要的茶叶集散地。而改土归流的导火索，也是因为一帮江西商人入山买茶，最后在牛滚塘因风流韵事酿就惨案，成了清军进军车里宣慰司（西双版纳旧称）的借口。

雍正七年（1729年），改土归流战事结束，清政府成立"普洱府"，六大茶山纳入中央政权的直接管控，同时在思茅设立"总茶店"垄断茶叶。自此，由土司纳贡，变成官方直接督办的普洱茶贡茶时代也就此正式拉开序幕。

因倚邦土千总曹当斋在改土归流中平定有功，颇得清廷倚重，成为第一任的"贡茶主办官"。在贡茶时代的头几十年里，基本由倚邦进行主办（倚邦土司管理倚邦、莽枝、革登、蛮砖等茶山），易武负责协办（易武土司管理曼撒、易武、曼腊等地茶山），倚邦采办贡茶15000斤（老斤），易武采办贡茶66666斤（老斤）。

曹当斋是为普洱茶发展史做出过重要贡献的人物，如今倚邦老街不远的官坟梁子上曹氏家族墓地仍在，墓侧有乾隆二年御赐功德碑一块，记载了其治理茶山的功绩。曹当斋主政的几十年里，茶山安定，民族和睦，茶业繁荣，人口兴旺。因此，政治、地缘等因素，使倚邦成为这个阶段六大茶山的中心。这个时期，四川、楚雄、石屏等地汉人也陆续进入倚邦，开发茶山。

　　同一时期，因为贡茶采办量巨大，与曹当斋同时受命的易武土把总伍乍甫招募了大量石屏人到易武广开茶园。一时，数万汉人涌入茶山，拓垦种茶，汉人先民们带着先进的生产技术

◎ 位于倚邦官坟梁子的曹当斋墓

与文化水平进入茶山，建设易武。"入山作茶者数十万人"，虽有夸大之嫌，但对于今天也才一万多人口的易武来说，确实是一片难以想象的繁荣景象。

好景不长，18世纪末乾隆中后期，因为官员盘剥、边患侵扰、瘟疫横生等各种天灾人祸，六大茶山各地人口锐减，而贡茶采办量巨大，茶山常常难以撑持。而易武由于伍乍甫的先见之明和时运眷顾，在数十年耕耘开拓的准备酝酿下，易武茶品量俱优，锋芒初露。

1773年曹当斋去世后，易武土千总伍朝元（伍乍甫之子，乾隆中期因军功升土千总，而承袭爵位的曹当斋之子曹秀为土把总）承担起贡茶采办主要责任，普洱茶的重心逐渐由倚邦向易武转移。李拂一的《镇越县新志稿》记载："嘉道时期，易武茶区（包括易武茶山和曼撒茶山）年产晒青毛茶七万担，倚邦茶区（倚邦茶山、蛮砖茶山、革登茶山）年产两万担。"易武已经是六大茶山绝对的中流砥柱，六大茶山，易武居其大半，是以成为六大茶山之首。

这个时期，普洱茶也逐渐走向顶峰。从嘉庆四年（1799年）的《滇海虞衡志》中"普洱茶名重于天下"，到道光五年（1825）

的《普洱茶记》"普洱茶名遍天下，味最酽，京师尤重之"。因贡茶之名，普洱茶誉满天下，这也加速了普洱茶号级茶商茶时代的到来。

作为贡茶指定采办地的易武，在贡茶时代扮演着重要的核心角色。其历时之久、纳贡之巨、制作精良、身份显贵，在整个中国茶史中也难得一见。而这种影响力又随着商茶时代的到来，不断地扩散、加深，甚至固化印象——易武茶，最后成了六大茶山的代言人，并将在随后的风云百年里独领风骚。

普洱贡茶的时代价值

光绪三十年（1904 年），清王朝大厦将倾，地方混乱、盗贼四起，贡茶运输途中已发生数次被劫事件，而朝廷又无力追讨，遂不了了之，普洱茶的贡茶时代落下帷幕。

一个时代步入尾声，但那贡茶的荣光，"加冕"

的骄傲，留下的烙印，都深深影响了整个普洱茶的历史。

⊙ 现存于易武茶文化博物馆内的清代断案碑与执照碑

　　这是一段关于普洱贡茶的历史，但又远远不止于贡茶。改土归流，普洱入贡，六大茶山有了相对安定的生存环境，三百余年间，上千年种茶历史的古老茶山迎来了真正意义上的大开发。从"茶在深山人不识"，到"燕都（北京）茶品之藉藉盛行者，普洱茶为第一……"。作为世界茶叶起源地的云南茶，沉寂了数千年之久，终于为世人所侧目。而后的云南茶产业逐步兴起，成为造福一方的重要支柱，云南成了全世界所公认的优质茶叶的主产区。

"每岁入贡,民间不易得",清皇室的青睐与"加冕",奠定了普洱茶的显贵身份。清朝的皇帝们不仅自己爱喝普洱茶,屡次为普洱茶"加持"之外,上用其祭祀祖宗,下则赐予宗亲显贵,内赏有功之臣,外赠邦交使节,普洱茶从此蔚然成风。乾隆晚年,东西方帝国的第一次对话中,获赠普洱茶的但顿勋爵(马嘎尔尼的副使)在自己的日记中记录"此为中国最贵重之品"。乾隆、道光、慈禧都是普洱茶的深度爱好者,末代皇帝溥仪就曾对老舍说:"普洱茶是皇室成员的宠物,拥有普洱茶是皇室成员显贵的标志。"

易武

自上而下的普洱茶风潮，也让其独特风味与健康功效逐渐被世人所知，加速了普洱茶的基础价值普及。"味最酽""极浓厚""能治百病""消食化痰，清胃生津""最能化物"的普洱茶，在乾隆晚期的小说《红楼梦》中已被多次提及。

　　贡茶时代把"不得采造之法"的普洱茶，一步步推上了"皇家标准"的高度，将一个王朝在茶叶领域的最高生产标准和审美要求都注入其中。如同陶瓷发展史中的"官窑"一般，对推动当地的工艺水平、审美能力和产业发展都留下了深刻的烙印，并让这样的影响一直持续到今天。

　　一言蔽之，贡茶时代，启发了普洱茶的觉醒，形成了普洱茶的核心价值基础，更见证了普洱茶从"初识"到"初恋"的过程。

传世经典 独领
风骚的风云百年

2010 年，中国嘉德四季第二十四期拍卖会，45 件收藏级的普洱现身拍场，总成交额 1449.39 万元人民币。其中，同兴号向纯武内飞圆茶（一筒）和同庆号龙马商标圆茶（一筒），都分别以 134.4 万元人民币成交；而福元昌号蓝内飞圆茶（一筒）以 504 万元人民币成交。

2013 年 11 月，一筒福元昌号以 1035 万元人民币成交，创下当时普洱茶领域拍卖成交的最高纪录，并保持数年。

2016 年 5 月，先是一饼百年红票宋聘圆茶以 260 万人民币高价落槌，宣告名茶有主；之后又一筒蓝标宋聘也以 880 万元人民币高价落槌，引起高度关注。

2018 年，一筒"百年蓝票宋聘普洱茶"刚刚因 1332 万港币荣登"茶王"宝座。

时隔半年的 2019 年，又一筒"福元昌号"以 2632

易武

万港币落槌成交，再次刷新了普洱老茶拍卖榜，新的历史又被缔造……

21世纪以来，普洱老茶的拍卖屡屡见诸媒体网络，成为人们津津乐道的话题。然而细细探究，不难发现，海内外身价最高的普洱茶，依然是由抗战前的易武老茶号缔造。

它们一再刷新的，是整个"号级茶"的价格金字塔，一再续写的，则是易武商茶时代风云百年的历史余波。

◎ 图片由台湾五行图书出版社提供

风云激荡的商茶时代

改土归流之前，六大茶山产茶向来有商民坐地收购，各贩于市。而改土归流之后，清廷一度以商民盘剥生事为由，"将新旧商民悉行驱逐"，严禁民间茶叶交易，对私相买卖者严厉稽查，以为"不许客人上山，永可杜绝衅端"。

然而没了商家，茶农无论远近都要将茶叶上交思茅总茶店，路途遥远、人役使费繁多，再加上盘剥过重，"百斤之价，得半而止"，茶农苦不堪言，贡茶制度也难以为继。

雍正十三年（1735 年），清朝政府在云南地区颁布茶法，批准云南每年发"茶引"三千，每引购茶一百斤，征收税银三钱二分，后来茶叶引额不断增加，算是逐渐放开了茶叶的民间贸易。

虽然为天子采办贡茶依然是第一要务，但草野之民的生命力依旧不容小觑——茶引实施之后，六大茶山的茶业发展迎来新的契机，越来越多的石屏、四川、江西、湖南等外来劳动力迁徙到六大茶山，共同开辟茶园、加工茶叶、收购贩运。

嘉庆道光年间是最辉煌的时期，在运茶旺季，上山人如潮水，

易

武

商旅云集、骡马塞途。一大批私人茶庄、茶号，也从清朝中后期开始涌现，并在民国年间集中爆发⋯⋯

◎ 如今保存仍较为完好的迎春号和君利祥茶庄旧址

比如被认为始建于雍正年间，是易武建立最早的茶庄商号同庆号（关于同庆号始创年份说法不一，有雍正、乾隆、道光年间等不同说法）。同治年间更名的乾利贞号（其后在民国年间与宋聘号合并而成为乾利贞宋聘号）、同昌号。光绪年间的同兴号、敬昌号、元昌号（后民国年间易手更名为福元昌号）、陈云号、车顺号、安乐号、同泰昌、元泰丰、迎春号……

◎ 图片由台湾五行图书出版社提供

易武作为清末民初云南最大的茶叶加工基地和出口基地，从这里走出过一二十个影响世界的老茶号，如果追寻普洱茶品牌化的源头，这些历经世纪颠簸，如今依然有故事流传在民间，甚至被今人"抢注"的老茶号们，就是昔日普洱茶界最响亮的"知名品牌"。

　　他们以农为经，以商为纬，不断进行着产品市场化延伸和商道开拓，源源不断地将普洱茶，从京城贵胄的杯盏，输送到海内外寻常百姓的茶桌，让普洱茶的品饮有了新的内涵。

　　这些茶号茶庄彼时或富甲一方，或权倾一时，但历经岁月的流转，战争的纷乱，甚至是凶杀、火灾等命运的叵测，风流早已被雨打风吹去。只有极少量当年生产的茶叶还得以幸存，这些茶今日被统称为"号级茶"或者"古董茶"，身价可观。

　　最贵的普洱老茶，依然来自易武。今天查看号级茶的商标内票，不难发现"拣选细嫩茶叶""揉造阳春细嫩白尖""专购易武正山细嫩蕊芽""味红浓而芳香"之类的宣传用语。可见，立足于贡茶时代一脉相承的制茶精神和技艺传承，商茶时代，易武茶平衡细腻、刚柔并济的产区风格又得到进一步升华。

　　老茶号们恪守品质、精益求精，以力求传世的态度制茶，事实也证明了只要留下来的，也几乎都成了经典。这些所剩不多的号级古董茶，不但力证了一个逝去时代曾经的辉煌，更是在几十年后，重新启发了一个复兴时代的到来。

号级时代的商业根基

如果说"贡茶时代"是为普洱茶的工艺觉醒与核心价值扎下根基，那么"商茶时代"，则是立足在这个根基之上，生长出的参天枝干。"仓廪实而知礼节，衣食足而知荣辱"。在六大茶山经济因茶而兴后，文化也随之因茶而荣。兴茶乡、开商路、办学堂、筑路架桥，果实累累，欣欣向荣。

汉人的涌入，不仅带来了先进的生产力、锐意进取的商道精神，更把他们重文崇儒、耕读传家的风尚，以及注重同乡故里宗亲联结的习俗注入六大茶山，与当地的少数民族文化共生共融，迸发出多元并存的生机。

庙宇、建筑的遗存，往往是衡量一个时代繁华与否的重要历史证据。彼时的六大茶山，随着汉人的涌入，广修会馆、关

◎ 易武茶文化博物馆前身为关帝庙

帝庙，而关帝庙中又多有孔明殿。这样的"神仙组合"，也是因为少数民族尊崇孔明为"茶祖"，而汉人信奉关帝的"忠义仁勇"，最后"二圣同檐"，也只有在这方水土才能得见吧。

而在石屏人最多的易武，康熙年间就已兴办私塾。光绪年间安乐号茶庄庄主李开基还中过进士，又为皇帝进贡过茶叶，遂被赐名为"例贡进士"。乾利贞号袁氏家族的六子袁嘉谷，也曾参加光绪年间，废除科举之后的经济特科考试，被取为一

曾经的茶马
古道旧址

等第一名，虽不是状元，但也堪比"状元"。并从封建王朝的"状元"，后来做到现代高校的教授（1922年，云南大学前身的"私立东陆大学"成立，袁嘉谷应聘担任国文教授），也是天下唯其一人。

"贾而好儒"，让易武的老茶号经营者们普遍具备颇高的文化素养，也反之让他们有了更敏感的市场感知力，懂得审时度势把握商机，在商海沉浮中长盛不衰。

早在清初康熙顺治年间，云南商人就已经于北胜州（今云南永胜县）与西藏人茶马互市，途经鹤庆、丽江等地，与来自藏区的商人交易。

到了清朝中叶，普洱茶交易越发繁荣，新辟市场不停地增加，茶叶贸易版图也在不停地扩大，道光年间，为了解决茶叶运输的道路困难问题，普洱府、思茅厅、倚邦和易武两地土司署、乡绅名士、茶号老板共同出资，民众出力，铺就一条从易武经曼秀、麻黑、曼撒、倚邦、勐旺、思茅到普洱的石板路，其中易武至思茅段就有240余公里。

大道小路、众多支线最终汇聚成为一个庞大的商道网络，地跨川、滇、青、藏，向外延伸至南亚、东南亚，甚至远达欧洲。

"为十八行省商会开先"，昆明文庙街茶帮大院的楹联足以映射这个时代的兴荣。

艰苦卓绝的商道开拓，一代又一代茶山人的薪火相传，让以易武为代表的普洱贡茶，从崇山峻岭走向五湖四海，从王谢堂前飞入寻常百姓家，他们开拓了普洱茶的市场边界，更构筑了一个彼时无法想象的关于普洱茶的世界版图。

印级茶的迟暮余晖

1937 年抗战爆发，易武茶来往东南亚等多地的商路被迫中断。普洱茶的产制中心逐渐从澜沧江以北的易武，转移到澜沧江以南的勐海，并开始拥抱机械化现代化的工业时代。

中华人民共和国成立后，私营茶号彻底走向终结，计划经济体制下的国营茶厂时代开启了。而这个时候，普洱茶原料的收购是把全省的原料集中在勐海茶厂、下关茶厂、昆明茶厂等几个国营大厂，统一加工。易武作为传统优质原料的供应地，也一直未曾缺席。

而这个时代的产品生产使用系统的拼配配方，使口感的稳定性得到保障，也出现了许多公众认可的经典产品。比如印级茶最具代表性的红印，"红印的茶箐即是来自于易武正山大叶种茶树，那里的茶箐一直都被肯定为最优良的，现今普洱茶品行列中，红印普洱圆茶因而得以鹤立鸡群……"

　　"历经近一甲子的陈期，红印依旧呈现惊人的生命力，散发着迷人的药香陈韵，入口绵滑，茶汤醇厚

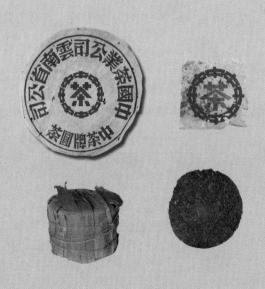

◎ 图片由台湾五行图书出版社提供

馥郁，喉韵持久，优良的质量使其成为旷世佳茗。"若干年后的拍卖会预展中，对易武料的红印如是形容。

即便是与全省的原料混杂在一起，易武正山的味觉魅力，依然指引着喝茶人，在茫茫茶海中，识别出它的与众不同。

从光芒万丈的"号级茶"时代，再到"印级茶"时代的最后一丝微光，百年商茶风云，易武独领风骚。它留下的茶品已经价比黄金，它留下的传说被津津乐道，它留下的老字号被今人"抢注"，它留下的历史谜团，让今人一再推敲、考证、破解，试图复原出我们往昔辉煌之一角。

而它留下最大一笔的财富，则是在人背马驮这样艰苦的时代局限下，依然不停地扩充着普洱茶的边界，让普洱茶跻身于世界级饮品的行列，更让所有人喝茶到最后，都逃不开易武茶温柔的怀抱。

易

武

百花竞放 星光璀璨的复兴之光

　　2005年，在台湾《普洱壶艺》于香港组织的一场斗茶活动"华山论茶"中，一款普洱茶在周渝、陈淦邦、陈智同、何景成等名家的品评下脱颖而出，以最高分击败了紫大益、橙印等诸多名品，夺得头魁，成为96青饼中的代表之作。各位名家点评其"有旧易武遗风""整体表现非常难得"。

　　而经此一战成名后，这款茶价格一翻再翻，到了二十余年后的今天，它的市场价格已经飙升至约10万元一片，连它当年的出品人都已自嘲喝不起了。

　　这款茶就是"真淳雅号"，出自台湾资深茶人吕礼臻之手，制作于1995—1997年间，如今更被视为易武复兴的开山之作。

　　此后，"顺时兴""易昌号""绿大树""敬

◎ 图片由台湾五行图书出版社提供

业号""一片叶""易武正山典藏""易武老树圆茶"
等一个个精彩绝伦的独奏，最后汇聚成易武复兴的交
响乐章。

　　十年间，老字号、制茶古法被重新寻回，新兴品
牌逐渐萌芽，标杆茶品代表也次第问世。对于易武而
言，这是意义非凡的十年；对于普洱茶而言，这是承
上启下的十年。因此，市场也将1994—2004年称之
为"易武茶的复兴时代"。

复兴时代的篇章
始于 1994 年的夏天

每一个茶叶历史的拐点，都与一个时代的帷幕起落密切关联。

20 世纪 50—60 年代"印级茶"的最后一丝微光之后，易武渐渐没落，紧接着 70 年代的一场大火，更是烧毁了易武老街上的多数老茶号，百年商茶的辉煌终结于那场大火中的飞灰，此后易武坠入了数十年无光的黑暗。

而到了 20 世纪 90 年代，计划经济的尾声，随着海峡两岸文化交流日盛，一群台湾茶人的意外到访，解封了贡茶之乡的沉睡"魔咒"。

1994 年 8 月，第三届中国国际普洱茶学术研讨会在昆明举办。会后，也许是临时起意，也许是酝酿已久，时任台湾茶联会会长的吕礼臻率曾至贤、陈怀远等一行临时改变了行程，单凭一本影印版的《版纳文史资料选辑4》和书中的只言片语，踏上了寻访已被遗忘多年的易武之旅。

看似意料之外，实则情理之中，台湾茶人对易武的执念，早非一朝一夕。早在20世纪80年代，台湾紫砂圈就掀起普洱热，而到了90年代，香港茶楼清仓，一些未曾见过的老茶饼也不断涌现出来，宋聘、福元昌、同庆、同兴……这些号级茶开始陆续流入台湾茶圈，并共同指向了一个地方——易武。

断案碑、瑞贡天朝大匾、茶马古道、茶庄房屋……抵达易武后，历史像潮水般涌来。彼时旁人眼中的"蛮荒之地"，在这帮台湾茶人眼中，就是一座挖不尽的黄金矿。他们走访、询问、拍照，想赶在一切消逝前，尽可能地记录更多。

1995年，吕礼臻再入易武，并带来了一笔订单，他委托易武前乡长张毅先生，以野放易武大树茶为原料、以传统的手工石磨压制工艺，试制一批茶叶，同时把张毅正在编写的一本关于易武茶业史的"小册子"

带回台湾，印制成书。

后来的故事，我们都知道了。

这本"小册子"，就是《易武乡茶业发展概况》，这本书第一次为外来者揭开了以易武为代表的古六大茶山的神秘之所在。不但填补了诸多历史空白，更对来到易武的后来者们有着不可估量的指导作用。

这批茶，就是"真淳雅号"，它在对号级茶的追忆过程中，让已经习惯国营大厂拼配茶的喝茶人重拾了中华人民共和国成立前用一流的原料、传统的工艺，制作最优质普洱茶的制茶理

◎ 摄于 1994 年的易武古镇（图片由陈怀远先生提供）

念。而沉寂了数十年的易武茶的重新兴起，直到今天的如日中天，都是以这批茶的横空出世为源头。

在先行者们的奔走呼号下，被掩盖在历史尘土中的易武小镇，开始有了更多港台、东南亚、内地的茶

◎ 吕礼臻先生受邀
造访岁月知味

人茶商往来其间。两岸三地茶界群贤汇集易武，他们各展其能、各尽其力，点燃了易武复兴的星星之火。

易武，这个已经凋敝多年的古老茶区，也从深邃的历史长河中，彻底浮出水面。此后十年，普洱茶行业自此迎来了从"万马齐喑"到"百花齐放"的巨大变革，"普洱茶如滚雪球一般，蓬勃发展至今"，从此局面大开。

群星闪耀的十年
照亮整个易武和未来

　　"号级茶让我觉得很不可思议，摆了那么久，还是那么好喝，那么迷人，可是后来的茶叶已经没有号级茶那样的生产方式了，这让我们觉得很可惜。"吕礼臻回忆当年的制茶初衷。

　　毕竟，在他们进入易武之前，普洱茶业经历了将近半个世纪的沉寂，追求量产的各大国营茶厂长期把持市场，普洱茶的传统技艺已被遗忘，新的概念又尚未厘清——比如台地 和古树，纯料和拼配，干仓和湿仓，包括采摘标准、炒制工艺、陈化时间……

　　这些今人耳熟能详的知识，事实上也是经历了先行者从无到有的探索，而易武，正是这些新的认知体系建立起来的原点。

　　曾经计划经济时代的漫长岁月里，易武的茶叶几乎都是以优质毛茶的形式，送到勐海、思茅等地进行
，

加工。它犹如一颗明珠暗投在云南各色原料之中，混拼压制在大厂的各色茶饼里。

而这十年里，易武茶终于迎来了为自己"正名"的机会，"易武"作为行业首款以独立产区命名的山头茶产品，第一次出现在主流大厂的绵纸包装上，并与原有的常规产品截然不同。易武茶逐渐声名鹊起，从此一发不可收拾。在那个时代，不论大厂私企、实力茶商、资深茶人，纷纷把目光投向易武。

其中，仅勐海茶厂就有新业茶行定制的"99绿大树""01一片叶"、双雄茶行定制的"01绿大树大2版"、田园茶行定制的"03精品易武山"等，还有诸如2000年的"易武正山陆游一首诗""易武乔木老树饼""易武正山野生茶"等不胜枚举。其他主流茶厂也不甘其后，诸如中茶公司2001年出品的"易武老树"、海湾茶厂的1999年生产的"易武茶饼7068"、福海茶厂应邀定制的"99易武绿星星"、敬业号的"01易武正山野生饼"、昌泰茶业出品的"99易昌号"、春光茶行出品的"02易武正山野生茶"……

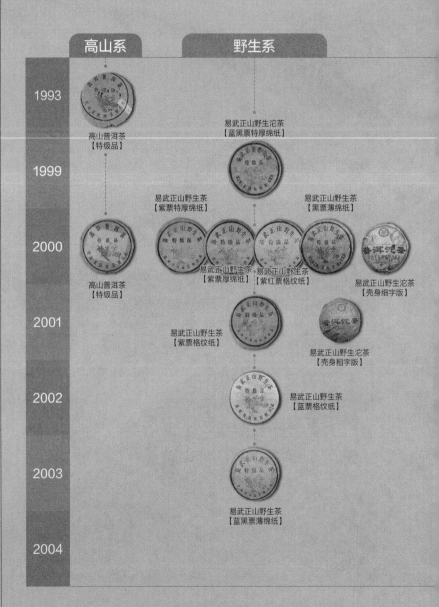

勐海绿大树族系图

易

武

大叶系　　　大益系

易武正山大叶　　易武正山大叶　　易武正山大叶
【红票厚黑草纸】【红票厚丝纹纸】【红票特厚绵纸】

易武正山野生茶　　易武正山野生茶　　易武正山野生茶
　【大益】　　　　【大益】　　　　【大益红带】

易武正山大叶　　易武正山野生茶　　　　易武正山野生茶　　易武正山野生茶
【红票机器棉纸】　【典藏品】　　　　　　【典藏品】　　　　【红大益】

易武正山野生茶
　【特级品】

易武正山野生茶
　【大益】

这批茶，都摒弃了大厂时代的粗放与单调，在用料与工艺上都让人耳目一新。到了今天，时间不但把它们打磨得熠熠生辉，也赠予了它们今非昔比的价值，它们几乎都脱离了普通商品茶的范畴，在资深的普洱藏家圈里，具备很高的口碑。

正如我们会询问为什么天才总是结伴而来一样，我们也会好奇，回首看来，为什么明星好茶集中出现在这个时期？集中出现在易武这个区域？

从某种意义上来说，它们当时都是顺应着市场呼声和时代的趋势出现的。在国营大厂正值改革阵痛、大厂茶已经强弩之末，但下一个时代趋势还不甚明朗的混沌时刻，正是这十年中出现的易武茶们，如同夜空中的启明星般点亮黑夜，同时又呼唤着黎明出现。

易武打开了山头茶的大门，此后又有了班章的崛起，再后来冰岛、昔归、景迈……名山大树群起，普洱茶世界至此变得绚烂多姿。

从贡茶时代的独挑大梁，到商茶时代的独领风骚，新的时代风口，易武毫不意外地再次扛起复兴大旗，此后云南各色山头群雄并起，接棒易武，遂彻底让这个百家争鸣的"普洱复兴"时代，局面大开。

意义非凡的复兴之光

经典，是复兴的参照物；反之，经典，也是复兴的终极目标。道路漫且长，曙光初现，一道复兴之光，冲破黑暗。

这场宛若普洱茶行业的"文艺复兴"运动中，幕后也少不了一大批为易武复兴留下卓越贡献的先行者们。他们从不同的角度，各自的立场，为易武复兴和普洱茶行业的发展做出了自己的贡献。

云南人用最质朴的情感，以脚踏实地的努力，再现了以易武茶为代表的普洱茶基础知识体系。在这场关于普洱茶的自我价值重构中，他们的记录也好、考证也好、还原也好，共同造就了一场大型的关于普洱茶历史，和传统工艺的重新发现和重新认知。

而广东茶商则以敏锐的商业嗅觉、非凡的远见，从易武茶开始，挖掘了山头茶的商业价值，普洱茶的世界从此变得更加辽阔和精彩纷呈。如今也正是这些星光璀璨的明星产品，奠定了易武系在中期茶市场的支柱地位。

台湾人，带着考据"号级茶"因缘的迷思走进易武，并站在更高的维度，把普洱茶的审美认知、历史价值、

文化价值、经济价值重新发掘和定义，把普洱茶的复兴推向高潮。他们是当之无愧的卓越探索者，最热忱的爱茶人。

这是易武茶意义非凡的十年，也是普洱茶承上启下的十年。在此之前，四大国营茶厂几乎包揽了市面上大部分的普洱茶产品。在此之后，大厂逐步走下神坛，更多的精品化茶企凭借品质好茶频频突围，旧的市场秩序一再被洗牌，全新的普洱江湖逐渐形成。

复兴不是简单的"复古"，而是在继承中发展，在发展中创新，方能在时代的千变万化中，守住价值的根基。

而复兴时代走过的每个脚印，都为 2005 年以后普洱茶迎来百花齐放打下了最坚实的基础。

岁月知味 易武茶
的王者绽放

追寻着号级茶的脚印，易武复兴的火苗终于燃起来了，从星星之火到燎原之势，紧接着，普洱全面振兴的序幕就此开启。这是一个经济开放活跃，信息飞速发展，利好政策频出，普洱茶消费广泛普及的昂扬新时代，它不再是百年商茶时代的孤掌难鸣，也不再是计划经济下的千篇一律。

站在前人复兴启蒙的基础之上，在这一时期，技术工艺和理论构架都逐步完善，消费市场有了更深更广的开拓。更重要的是，越来越多的新兴茶企，开始走入茶山，走向市场。

2005 年，一款名叫"易武正山古树"的茶，悄然问世，售价 160 元 / 片，当年在市面上并没有冒出太大的水花，出品方是刚刚成立的新茶企，名不见经传。

2013 年，"易武正山古树"连续生产的第九个年头，此茶正式更名为"易武古韵"。连续不间断的生产对易武古树茶口感标准的建立，开始被品饮圈重视，而彼时经过 8 年陈化的易武古韵，已经是 2600 元 / 片。

2019 年，"易武古韵"连续生产的第 15 个年头，其已被认为是真正意义上易武古树茶的分水岭。而 2005 年首批产品，在市场上也已突破万元大关，茶友奉若经典。

在陈化概念越来越深入人心的今天，已经有越来越多的企业、玩家，有意识地去建立、收藏有关普洱茶不同产区、有迹可循、不断进化的产品档案库。

我亦非常荣幸，能够作为岁月知味的创始人，用 15 年的时间，贡献出易武茶"看得见的转化"——"易武古韵"，来见证这个最好的时代。今天，"易武古韵"不但是岁月知味的开元之章，更是易武古树茶的标杆产品。

至此，再也没有其他任何一个产区，能够像易武茶区这样，纵贯近三百年，有如此众多且脉络清晰的陈年普洱茶品享誉于世，任凭时代变迁，在整个经典普洱的格局变换中，始终有着自成一脉的发展道路。

古老的茶园再次苏醒

每个时代都有各自的艰难和使命。

随着复兴时代吹响的号角，市场中的嗅觉敏锐者也开始集结茶山。但是对比当时整个普洱茶产区的版图，依旧是进入勐海的多，进入易武的少。而岁月知味，有幸成为易武茶这15年发展的主要见证者和推动者。

◎ 苏醒的古茶园

跟随普洱茶产业的现代化变局，无论是产业的成熟度、市场的认知度，易武还都刚刚处于起步阶段。业界尚且如此，当地百姓更加懵懂。荒废的茶山虽然有了苏醒的迹象，但是那些繁荣一时的古茶园，早就"纵使相逢应不识"。

迄今我还记得 2011 年时，我们根据历史资料的一些碎片，寻得一位李姓的茶农兄弟请他去找白茶园的时候，他一脸茫然，不知道哪里有这么一片茶园叫这个名字。而找到最后，居然发现，这个茶园大部分就是他们自己家的！

而在 2005 年，除了麻黑、落水洞……这些少数可以在家边就近采摘的茶园，到了稍微偏僻一些的丁家寨、老曼撒、刮风寨，这些地方的原料几乎少有人利用。而像茶王树、弯弓这些今天如雷贯耳的优质古树茶资源，当时更是丢荒状态。

所以从 2005 年到 2011 年，我们做的最重要的一件事，就是"恢复"——找回历史的真相，并恢复品质的本源，这一切都要从茶山开始。

我们大概花了 6 年时间进行产区探索，把茶山先民们在贡茶时代、商茶时代种下的古茶园一一地找出来，并完成了对易武茶的初步"扫描"，分解不同微产区的味觉密码，建立易武茶的基因库，以此来形成对易武茶更全面细致的认知。

这在当时并不是一件非常顺利和讨好的事情，因为彼时对原料的大小树、季节性、不同寨子的区分，都还未形成一种风气和认知。习惯了大大咧咧做茶的茶农，更是抱怨连天。

2012年之后，随着整个行业的复苏，越来越多的关注者进入易武。薄荷塘、哆依树、百花潭、同庆河……历史的遗珠，相继浮出水面。这些易武茶顶级的小微产区，因其品质突出，风格各异，如群星闪烁般先后登场，在专业市场熠熠生辉。作

为这些茶园发现者的茶农兄弟们，也成了今天的受益者。

也正是在易武茶山和古老茶园的全面恢复过程中，我们通过点滴的积累，重建了易武产区的原料数据库，并在此基础之上，逐渐形成了"三大香带"的风格分类，让消费者了解易武变得更加直观和清晰，对易武味的认知，也更加丰富和完整。

十五年间 传统拥抱着现代

茶业复兴带来了越来越多的探索者和资本涌入茶山，但与此不成正比的是，断代数十年，制茶技术急需再次的普及。

复兴时代的先贤们对传统工艺细节的试探性的恢复，让有意者已经一窥传统手工制茶的魅力。而随着时代的进程，现代社会对于茶叶的管理方式、制作工艺、卫生标准等方面的要求，也无一不折射着当代的进步。如何面对传承与创新，是摆在易武面前的问题。

于是，接过传统的衣钵，但又拿起科学的钥匙。坚守住古人定义好茶价值的根基，找到手工制茶与机械效率的平衡点。

这是一个传统与现代高度融合的 15 年，这 15 年易武茶的发展，注重经验也讲究科学，遵循传统也拥抱现代。

◎ 古茶园基地

传统制茶技艺被大范围地恢复和普及，而同时一个现代茶企的生产标准体系也在强化。这是在工艺上不断精进和成熟的15年，整个易武茶产业发展水平也蒸蒸日上。

◉ 岁月知味十周年庆现场

　　随着普洱茶"越陈越香"的核心价值不断得到普及和验证，最好的普洱茶依然指向——"经典的产区，优秀的品质、干净的仓储、时间的陈化"这几个核心概念。但市场上真正能满足这几个条件的优质普洱茶，依旧是数量稀缺的。

而岁月知味，早已通过自建仓储体系实现了这一问题，自 2005 年起，我们将每一年的产品有意识的仓储留存，如今已形成了完整和庞大的体量。通过科学的仓储手段与严格的品控体系，形成了"看得见的转化"样本。在此基础之上，对易武茶陈化路径形成了更完整的产品表达，也对"易武茶越陈越醇厚"留下了实物的论证基础。

经典 唯品质与人文兼具

纵观整个历史长河，从封建时期的贡茶时代，到小资本主义萌芽的商茶时代，再到计划经济的大厂茶时代，一直走到市场经济下普洱茶产业蓬勃发展的今天。

我们一路对易武茶从初识，到热爱；从工艺唤醒，到市场开拓；从断代，到复兴；从寻找，到重构。每个时代都有各自的艰难和使命，当然，也有各自的担当和收获。

茶山得到全面开发与恢复，工艺水平也日渐成熟精进，在过去的 15 年里，易武产区的发展平缓而又稳健，与大山外普洱茶行业的高歌猛进截然不同。在急功近利的时代面前，易武茶选择用一步一个脚印的方式，重新雕琢自己，只为了坚实更长久的基业。

如果我们今日追问，普洱茶传世百年的经典为何多出自易武？不是同样兴盛过的莽枝、倚邦，也不是昆明、大理、宜宾等茶马古道流通要地上的商号。其实易武一直用自己的历史积淀和人文气质在述说着原委，以十年为生计，以百年为基石，它不紧不慢，却又有条不紊。

经典，唯品质与人文兼具，方是传世之本，才能自成一脉。

如今，在普洱茶产业上已经高度工业化发展的勐海，继续在效率和产量上做大做强。而三百年的人文积淀，则让易武始终坚守着普洱茶古典主义的魅力，追求着精细化、极致化的制茶理念，坚持着制茶的科学与艺术并重、传统与现代并存。

它用古老而丰富的茶山茶园、数百年的人文熏陶和精神传承，孕育着一批自成一脉的精品化茶企，它们以足够的良知与韧性,去撑起易武的下一个百年基业。

15 年来,以岁月知味为代表的易武茶主流品牌,用年复一年的耕耘不辍,积累了易武茶庞大的产品和仓储数据库,让世人重新认识了易武。而未来,凭借一款款"岁月"成就的经典,易武也必将再续传奇,王者绽放。

千山竞立,起落有时,历史的脉络中,易武一直低吟浅唱着经典普洱不朽的魅力,在冥冥之中牵引着一代又一代的人,来到这方土地,写下各自的篇章。

正是在不断探究易武茶前世,打磨易武茶今生的过程,易武茶的未来若隐若现,呼之欲出——它是传统普洱茶的代表,它是古典主义的摇篮,它是经典普洱的原乡。

第五章 易武茶人列传

史籍之记载，或数语寥寥

口耳之传述，或隐而不彰

唯此精纯之信仰，开拓之精神，

卓绝之努力

历数千载，传承于人，

感念于心，付诸于行

易武茶
易武人

昔日太史公作《史记》，不落窠臼，不拘泥于传统史观，陈胜、吴广入"王侯世家"，楚霸王项羽入"帝王本纪"。秉笔直书，无愧天地，开创中国史学之新传统。

"其文直、其事核，不虚美、不隐恶，故谓之实录"，班固为纪念司马迁，又专门著《司马迁传》如是赞美。连向以斗士著称的鲁迅先生，也难得不吝溢美之词："史家之绝唱，无韵之离骚。"

今日斗胆为易武茶人修传，自然也需秉承太史公之精神，不拘一格，将目光放在"易武"，又不止于"易武"。数千年的历史洪流中，所有推动易武茶业向前发展的茶人，不论其籍贯、身份、性别、年龄，都值得浮一大白，且歌且吟。

复兴群贤 点点星火可燎原

　　复兴时代，仿佛近在眼前。茶界群贤汇聚于易武，各展其能、各尽其力，点燃了易武复兴的星星之火。

　　在这场宛若普洱茶行业的"文艺复兴运动"中，诞生了一大批为易武复兴做出卓越贡献的先行者。创

◎ 易武街道

业维艰，毋负先人。诸多先行者栉风沐雨，历尽艰辛，终于交出易武复兴十年这份因虔诚而完美的答卷。

有从天南海北至于易武的茶人和文化学者，他们跋涉四方，考据求真，怀着质朴的情感，踏遍这片土地的每一个角落。在那个交通条件极其艰苦的年代，"用双脚丈量土地"并非夸大。他们深入茶山，考证查勘古六山与普洱茶的历史源流，将历史的遗迹以影像和文字留诸世人，为后来者徐徐揭开古六大茶山的神秘面纱，朝圣者从此源源而来。此中人物，张毅、陈怀远、詹英佩、杨凯等先生皆是楷模先驱。

也有茶痴茶人，循着古董老茶的足迹至于易武，他们与易武的耄耋耆老溯源追忆，一块一块地拼接出普洱茶的传统制法，还原普洱茶传统技艺，并将此毫无保留地推广出去，使传统普洱茶技艺得到恢复与传承。此中轶事，台湾茶人吕礼臻、老师傅张官寿、许培文，以及彼时乡中任事的张毅、李家能等皆有参与。

有茶商茶企，他们凭借敏锐的商业嗅觉，从易武开始，将山头茶推向市场。他们默默耕耘，鲜少著书立说，纯粹以一款款产品发声，所有的态度都融入茶里，并顺着茶汤，流入消费者的心里。如今山头茶的商业价值已不言而喻，而这些先行者的先见之明，早已无须证明。此中如叶炳怀、吕小雄、陈世怀、廖义荣等，一时皆有盛名。

◎ 宋聘号制茶的老师傅张官寿与陈怀远先生的合影。摄于 1994 年

传统与经典，老茶与新茶，在沉寂半个世纪之后的易武重新建立起连接与论证。他们探寻茶汤的本质，升华时光的滋味，普洱茶的品味之道和人文之美影响世人，"越陈越香"的观念，亦从此深入人心，逐步奠定了普洱茶的价值标准。当然，十数年后，我们用"易武茶越陈越醇厚"的总结对其进行了进一步的具象演绎和表达。此中，又以吕礼臻、周渝、邓时海、

陈智同、叶荣枝、曾志贤等港台茶人贡献尤为巨大。

点点星火，如今早已成燎原之势。复兴时代里易武群贤毕至，如今看来开一代先河的种种创举，于当年的他们而言，不过是因为对易武茶爱得深沉，所以尽我所能、无怨无悔。

穷数代人之功　缔造普洱经典

历史有时候好比一幅山水画，有山有水有意境。但越是向前回溯，越有"年久失修"之感，画纸已皲裂皱褶，留下的信息印记越发杳然。

然而我们定睛望去，诸多老庄老号，却在易武的画纸中，历久弥新，无法抹去。那个生动的普洱江湖，浸透了缔造者与建设者们的心血。

谈及那个时代的易武，绕不开石屏。易武商茶时代的茶庄老号，多为石屏人创建。石屏人"奔茶山"的故事，至今仍有传颂：三年置良田，十年起大房，血汗三千里，生死两茫茫。从石屏人的家谱上，可以看到几多因病葬身茶山者，几多安家立业茶山者，几多衣锦还乡"盖大房"者。

他们恪守品质、精益求精，号级茶的芳姿得以历百年而弥厚；他们广修会馆、建庙修殿，关帝庙与孔明殿"二圣同檐"成为这方水土才可得见的风景；他们勠力同心，铺就从易武到普洱的石板路，构建出一个庞大的商道网络，源源不断将普洱茶输送到海内外；他们兴办学堂，耕读传家的风尚习俗注入易武，进士频出，易武成其为"状元茶乡"。

◎ 老宅

逢山开路，遇水架桥。昔日磨者河上的"承天桥"，便是茶商与茶民不分贫富、不拘多寡捐资出力所建成，最终"商旅之出其途者，不再循而成殃"。

"峻岭巍巍而耸峙，大江滚滚而前横"，这条一百年前的"一带一路"上，数不胜数的经典茶号，走出了同庆号的刘揆光、同兴号的向志卿、同昌号的黄文兴、宋聘号的宋聘三、陈云号的陈石云、车顺号的车顺来、福元昌号的余福生、鸿庆号的张正鸿等等当家人物。他们大褂长袍，姿态谦和，举重若轻，步履潇洒昂扬，循着茶马商道上款款而去。

此时的易武古镇，茶庄茶号鳞次栉比。当年之盛况，曾有多少甘居幕后的血汗努力、背地里的悲欢离合，我们不得而知。但可以肯定的是，虽不如石屏人名扬史册，但早已世居于此的少数民族、奔山而来的汉族先民等，均是开创普洱茶的辉煌盛世、铸就这一段江湖风华的幕后功臣。

看得见的繁华堆叠
看不见的耕耘努力

而如果我们顺着这张画纸继续回溯深究，两个鲜活的名字呼之欲出：改土归流后前两任易武世袭土司伍乍甫与伍朝元父子，其开发茶山，聚拢先民，清扫匪患，治下长期稳定的政治环境，为易武的崛起奠定了基础。

◉ 采茶

当然，其中更有许多面目模糊叫不出名字的人物，诸如不远千里而来的石屏人、江西人、四川人、河南人，以及更早的濮人、布朗人、哈尼人、傣族人、回族人、彝族人。诸多默默无闻的耕耘者，不顾瘴气横生，融合于斯，扎根于斯，守护于斯，终老于斯……因为他们，茶园阡陌，茶山纵横，百里易武"山山有茶园，处处有村寨"，共同构建了今日高低错落的易武茶山。

司马迁的伟大，在于他从未以成败论英雄，史官笔下，不止有王侯将相，更有快意江湖。这些默默无名的耕耘者，值得我们大书特书，惜乎资料极有限，仅能描摹其大致轮廓。

◎ 拣茶

不止于血脉　精神传承绵延不绝

　　易武古镇上，巷尾街头仍可听到百年前的石屏乡音。而在今天的易武大街上，则多了不少湖南人的身影，四川人开的川菜馆子广受好评，身着少数民族服装的女子骑着电动摩托穿街而过，易武的 KTV 里瑶族兄弟和广东来的朋友在畅饮放歌……种种场景，似乎映射了如今的"易武人"，已经不止有奔山而来的石屏人，更有后来的湖南人、四川人、广东人，以及迁徙于此扎根立寨的少数民族，为易武茶乡的建设发展鞠躬尽瘁。

　　抚昔思今，易武之发展兴盛，绝不是一个人、一代人之功，亦绝非单凭血脉联结可以完成。而是凭借一代代茶人，将爱茶之心刻入骨髓，从血脉传承到精神接力，这份爱逾生命的精神传统方可绵延不绝。从初民在此种茶到今日之兴盛，从筚路蓝缕到方兴未艾，试看今日之易武，不正是爱茶人之天下？

　　诗人杜牧曾描绘过这样一幅场景：茶熟之际，四远商人，皆将锦绣缯缬、金钗银钏入山交易。（茶山）妇

◎ 悠闲时光

人稚子，锦衣华服，吏见不问，人见不惊。——这也许是茶乡最好的时光，而如今，这样的好时光，正在易武发生。叮叮当当的榔锤敲击，水泥搅拌的嘈杂，四面八方汇聚而来的论茶声，共同汇聚成普洱茶"龙兴之地"的盛世茶歌。

伍乍甫与
伍朝元

"清嘉庆、道光年间易武茶区年产茶七万担……""茶之产易武较多"。易武茶山昔日盛景，犹历历在目。

伍乍甫，改土归流后易武第一任土司；其后历经伍朝贵、伍朝元、伍英、伍耀祖、伍荣、伍定成、伍长春、伍树勋和伍元熙等十代土司世袭其位，作为易武茶山近两百年的管理者，权力传承中，易武的茶业传奇也缓缓展开。

"咬定青山不放松"，受命后，伍乍甫前往祖籍石屏，招募大量汉人到易武广开茶园，逐渐的，"入山作茶者数十万人"，经过数十年的耕耘开拓，成就了易武在古六山中绝对中流砥柱的地位。

史籍上的寥寥数语，并不能还原当时的艰苦卓绝。身为地方行政长官，上效朝廷、下收民心，平衡好方方面面，均不是易事。如何安抚夷民，如何吸引汉人进山，如何因地制宜制定适合茶山实际情况的政策，均是摆在这位"率练杀贼有功"的土把总面前的难题。

伍乍甫体恤茶山民情，治理茶山时既注重局势的稳定，又着力于发展茶业生产，大量招募内地汉人进山，引进汉人的先进技术与文化，促进民族融合。彼时之易武，民族和睦、茶业日渐繁荣。可以说，伍乍甫为易武的发展创造了一个良好的开端。

伍朝元袭伍乍甫土把总位后，秉承父业，继续发展茶业、体恤商旅，易武官、商、民呈现出一派和乐气象。其后伍朝元因军功擢升为土千总，成为继曹当斋之后古六山官阶最高的地方官员。曹当斋逝世后，古六山的贡茶采办逐渐转移至易武主办。

伍氏父子管理茶乡期间，官民和谐，民族团结，为易武营造出一个极其稳定的社会氛围，也为普洱茶黄金时代的到来奠定了坚实基础。伍朝元之后，其子孙世代承袭土司之位，其中虽有肖与不肖、贤与不贤，但整体而言，功大于过，利大于弊。

在近两百年的时间里，隐藏在滇境之边的普洱茶由此开启了波澜壮阔的发展史。

刘揆光

　　"本庄向在云南，久历百年字号，所制普洱督办易武正山阳春细嫩白尖，叶色金黄而厚水，味红浓而芬芳，出自天然，今加内票以明真伪。同庆老号启。"

◎ 同庆号圆茶（图片由台湾五行图书出版社提供）

　　从"龙马同庆"号级茶的内票文字中可看出，百年以前，同庆号就已经是"久历百年"的老字号了，堪称百年前的"百年老号"。坊间也普遍认为同庆号是易武乃至云南最早的茶号。

1920 年同庆号将商标更换为"双狮旗图"，也称为"双狮同庆"。

"启者本号向在云南易武茶山，选办普洱正山细嫩馨香茶叶，加重萌芽精工督造，发往香港销售，中外驰名，久为士商所赏鉴，近来假茶渐增仿造愈众，以致鱼目混珠，真伪莫辨，且有无耻之徒假冒小号招牌希图射利，是以本主人有鉴于此特设法维持，立革奸徒作弊，故自庚申年八月改换双狮旗图为记。贵客赐顾务请格外留心，认明图记，免被他人以伪乱真则幸甚焉。总发行云南石屏同庆号制造厂易武同庆号刘向阳谨识"。

关于同庆号的起源，有创办于雍正、乾隆或道光之说，未曾定论。其字号取"普天同庆"之意，总店设在石屏老街，易武为生产茶庄。

无规矩难成方圆，坊间流传着同庆号制茶的规矩法度，称"六选六弃法"。其中"六选"为：选春茶、选嫩尖、选产地、选净度、选滋味、选香气；而"六弃"有：弃粗老、弃味劣、弃不洁、弃杂物、弃异味、弃质变。足见其制作之精良与考究。

百余年来，将同庆号声誉推向巅峰的人物，首推刘揆光，易武人称"刘大老爷"。继承祖业后，经过他的苦心经营，同庆号茶饼宠冠一时，远销中国香港、台湾及东南亚等地，跻身云南茶业界前列。

刘揆光热心公益，乐善好施，集资办学开设医馆，免费为村民治病送药。他带头倡议捐资，拟建造连接易武和倚邦磨者河的"承天桥"，该工程耗银甚巨，同庆号捐资占了一半。为表彰此善举，地方政府特授刘揆光"见义勇为"匾，该匾目前保存于易武茶文化博物馆中。

乱世战火，祸及茶乡，"同庆号"亦不能幸免。先是北上销路阻断，再而南下销路被切断，茶叶销量一落千丈，1948 年同庆号彻底歇业，同庆号后人四散离开，而同庆号的铜匾，则在 1958 年大炼钢铁中支援了国家建设……

向质卿与
郑灿荣

"清世袭六品荫生尽先补用千总向公惟义墓"，向质卿阴宅正中墓主头衔是这十八个大字。坟墙左边是其子向绳武写的逝者生平，右边是女婿写的诔辞。

云南茶文化学者杨凯老师去到石屏寻访向家后人，细数家谱，探访阴宅。同兴号那众说纷纭的历史谜团，因着这样准确的"私人档案"，豁然破解。

向质卿的父亲向逢春官至总兵一职。向质卿作为将门之后，于父亲逝世后，绝缘于官场，不再奔走于军营，只在一片茶叶的沉浮间慰藉平生。

1897 年，向质卿创办同兴号，而在创办茶庄之前，向氏一族已"自曾祖住易武百余年"。向质卿严控茶叶品质，"历来进贡之茶均易武所产者也……拣选春季发生之嫩尖，当年新春正印细白尖，并未掺进别山

◎ 同兴号圆茶（图片由台湾五行图书出版社提供）

所产……"，故所产茶叶"其味天然清香，勿需人工熏造，其性温和不寒不热……"。

如今中国茶叶博物馆收藏着向质卿方砖和"双象莲"商标圆茶，除此之外，圆票同兴向质卿圆茶、方票向绳武圆茶也仍然存世。其中向质卿圆茶与向质卿方砖，品质绝佳，历经时间陈化，已成为普洱老茶的经典名品。

1925 年，向质卿长子向绳武接管易武的茶庄。这位长公子同样声名显赫，是有名的"易武山三武"之一，曾任易武镇镇长、易武商会主席。在向绳武的经营下，家族业务版图通达中国（上海、广东、香港）、越南、泰国等。这一时期，堪称同兴号茶庄的鼎盛时期。

随着抗战爆发，茶叶销路堵塞，许多茶号被迫停业，其中就包括同兴号茶庄。1948年，向绳武在石屏去世，向家人都赶回石屏治丧，再也无人返回易武。

直到20世纪90年代末，一位曾经在同兴号做过茶、贩过茶的老人毅然接下同兴号这块招牌。彼时郑灿荣老人已年近八旬，但时光并未泯灭心中的普洱陈香。循着记忆，这位老人带着子女恢复了同兴号传统的手工制茶技艺，消失了大半个世纪的工艺终于得以在郑氏家族手中传承。

如今，新"同兴号"已经交接到第三代掌门人郑明敏、郑明成兄弟手上，兄弟二人正当少年，一位正值而立，一位血气方刚，上茶山、下村寨、奔走四方，以自己的所言所行、所思所想承接老号衣钵。

茶脉的传承早已不限于血缘，前有向氏父子点燃同兴号的辉煌岁月，今有郑家三代兢兢业业再写篇章。在普洱茶产业化发展的新时期，两位年轻的掌门将引领同兴号茶厂开辟出怎样的未来，值得我们拭目以待。

车顺来与
车智新

从易武老街顺着青石板古道下行不远，右手边有一间历经风雨的老宅，檐角高高翘起，气势恢宏，很难被人忽略。

更夺人眼球的是，高悬在老宅大门正中的一块牌匾，暗金色的"瑞贡天朝"四个大字遒劲有力。牌匾右端刻着"钦命头品顶戴云南等处承宣布政使司布政使捷勇巴图尚史为"字样。

这座老宅便是车顺号。不谦虚地讲，这块牌匾是云南普洱茶最具声望的历史遗迹。

车顺来是清末进士，相传他参加乡试、会试考之后，取得殿试资格，但因路途遥远，交通不便，未能参加殿试。车顺来便向朝廷敬献易武正山茶叶，皇帝饮罢，龙心大悦，赐其"例贡进士"，并赐宝匾。

接到赐匾后，车顺来将宝匾供于正堂之上世代相传，就此写下普洱茶史上极富传奇色彩的一笔，这块宝匾是目前中国茶史上受皇帝赐予并且保存完整的唯一一块匾额。

车顺号存世极少，江湖传言当年有一筒从香港流到台湾后便"宛如神隐，销声匿迹"。曾有茶人在白水清先生处喝到，惊为天人，直呼三生有幸。

今天的车顺号老宅，中式四合院建筑保存完好，虽然时间腐蚀了墙体、斑驳了石板，但仍可看到悉心保养的痕迹。车家后人告诉我们，老宅已在此矗立近200年，墙体的部分熏黑，是当年易武大火留下的痕迹。

老宅堂屋里，又有一块金灿灿新崭崭的"瑞贡天朝"大匾，当年因家族纠纷，老宅主人车智新痛失牌匾，这一块是请陈怀远先生等比例修复的。墙上贴满了车智新先生的合影，多数照片是他在国内外各地分享易武茶风云故事时的留影。

车智新的老伴儿已经七旬有二，育有两女一子。忆起昔日时光，她絮叨着"苦伤掉了"，苦了几十年，也见证了茶山由沉寂到复兴的改变，如今这位老人安详而慈爱，午后阳光洒在脸上，满脸笑纹里都是"知足常乐"。

◎ 车顺号老宅

◎ 车顺号圆茶（图片由台湾五行图书出版社提供）

　　风声鹤唳，心存一念，车智新的父亲坚持藏起宝匾，才有了这份留存至今的独一无二。而在风雨飘摇、人人自危的时代，依然坚持守护祖传宝物的坚忍信念，更值得今人钦佩。

宋聘三与施继泉

"在我的品尝经验里，福元昌柔中带刚，果然气象不凡，同庆号里我只中意'双狮'，陈云号药香浓郁，也让我欣喜，但真正征服我的，还是宋聘。宋聘，尤其是红标宋聘而不是蓝标宋聘，可以兼得磅礴、幽雅两端，奇妙地合成一种让人肃然起敬的冲击力，弥漫于口腔胸腔。"——阅普洱无数后，余秋雨先生对号级茶进行了排序，宋聘为第一。

让余秋雨先生心醉神迷的"宋聘"，全称为"乾利贞宋聘号"。

宋聘号创立于 1868 年前后，创始人为清末秀才宋聘三。后于民国初年与乾利贞号的袁家联姻，于是便有了我们时常听闻的"乾利贞宋聘号"。两家合并，经营愈发如鱼得水，规模不断扩大，乾利贞宋聘号生产量在业内遥遥领先，并在香港设立分公司负责海外市场的销售。

"本铺在云南易武山开张，拣提细嫩茶叶採造，贵客赐顾请认平安如意图为记"，宋聘号的商标文字，可以说是"平平无奇"，这般深藏若虚，或许与乾利贞宋聘号"耕读传家"的传统有关。

袁氏一族的袁嘉谷高中经济特科状元，乃是云南省第一位状元。乾利贞的管理者先是曾教袁嘉谷写字作诗的袁嘉献，之后是由陪袁嘉谷进京赶考的六弟掌管。兴办茶庄、制茶理念自然深受"耕读传家"家风理念影响，有媒体认为，乾利贞宋聘号"是当时中国最有文化的茶叶企业"。

可惜的是，在1970年的那场冲天火光中，乾利贞宋聘号化为飞灰。昔日的乾利贞宋聘号遗址已改建为易武小学。这块钟灵毓秀之地，冥冥中似有"耕读传家"的血脉传承，昔有国士无双，今有朗朗少年。

历史上宋聘号从不独属于某个人或某个家族，它是茶叶领域出现较早的股份制公司。它最为人所称道之处，在于茶叶品质与文化内涵。如今，在离易武千里之外的杭州，年轻的新掌门人施继泉秉承宋聘号百年之制茶理念，续写老号新篇。他悉心打造的宋聘茶书院安静地坐落在杭州城西，落地宋聘人文传统，风雅扑面。宋聘号的品牌文化内核，正在渐次复苏，发扬光大。

◎ 宋聘号圆茶（图片由台湾五行出版社提供）

余福生与
陈升河

2010年，"福元昌号蓝内飞圆茶一筒"以504万元人民币被买家竞得，刷新了当时的普洱茶拍卖价格。

2013年，福元昌一筒老茶在北京嘉德拍卖1035万元，再创当时普洱茶拍卖的最高纪录。

2019年，东京中央2019春拍"一期一会·听茶闻香"在香港四季酒店举槌，其中1920年的福元昌号一筒以2632万元港币成交。

屡次刷新拍卖高价纪录，福元昌所出产圆茶，迄今为止仍是号级茶类拍品中最高纪录的保持者。

1921年，余福生在易武承接已没落的"元昌号"基业，并更名为"福元昌号"。莫欺少年穷，余福生虽因家贫仅上了几年私塾，便往来于七村八寨收购散茶，但却在一来二去的茶事购办中练就商业眼光。其用心与勤恳，赢得了易武曼秀李氏大家族当家老爷的器重，将自家小姐许配给他。知书达理的妻子，将全部嫁妆用于支持丈夫事业。福元昌号横空出世——"本号在易武山大街开张，福元昌拣选细嫩馨香茶叶加重萌精工揉造阳春净白尖发行……"

贫苦出身的余福生秉持"茶地道、人厚道"的经营理念，不断努力践行，不过短短几年，福元昌号就进入鼎盛期。仅1929年，年产圆茶就达 500 担，远销四方。

◎ 福元昌号原址

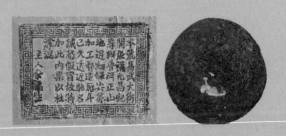

◎ 福元昌号圆茶（图片由台湾五行图书出版社提供）

中华人民共和国成立前夕，余福生大妇先后逝世，因种种历史原因，茶庄老号的光芒逐渐暗淡，时局变迁，老号几经易手。

2006年，陈升河来到易武，重金买下老宅，并对其进行修复和扩建。如今，昔日福元昌茶号老宅的脚下，矗立起一幢崭新的福元昌号大院，这是知名茶人陈升河为了恢复当年福元昌号的风貌而做的努力。

陈升河先生携其公子陈植滨，寻访老号后人、遗迹与传世产品，在历史的蛛丝马迹中找寻福元昌号的基因密码，经过长时间的倾心研究，福元昌号再现江湖，百年古韵再次复苏……

吕礼臻

　　吕礼臻，台湾著名茶人、台湾世界茶联合会前会长。跋涉千里，跨越山川海峡，从台湾到云南，无形中似有命运女神引领眷顾，他走进沉寂半个世纪的普洱茶乡，成为易武茶复兴价值的发现者。

　　20 世纪 90 年代之前的易武，是一个几乎很难在地图上找到的地方，在云南人记忆中也几近消失。

　　"号级茶让我觉得很不可思议，摆了那么久，还是那么好喝，那么迷人"，折服于号级茶的持久魅力，不满足于捧着杯盏品饮把玩，追根溯源成为一种执念。

　　1994 年，吕礼臻、陈怀远、曾至贤等一众台湾人来到云南参加普洱茶学术研讨会。他们一心想要寻源号级茶的故乡，会议结束，一行人改变行程，历经风尘仆仆的奔波，终于进入易武茶区。

沉寂半个世纪的易武，由此推开复兴之门。走访、问询、拍摄，断案碑、瑞贡天朝大匾、茶马古道、老字号古宅，这些在书中见到无数次的景象，如潮水一般涌来，就在眼前……

　　同庆号的旧址已经翻修，宋聘号在 20 世纪 70 年代的大火中被烧毁、原址改建为易武小学，福元昌号、车顺号、同昌号等旧址仍保留着，然而老宅凋敝，根本无人管理。满目萧瑟，"看到这里很凄凉，我就很冲动，觉得易武像被人遗弃一样"，吕礼臻不禁默默发愿"我们是茶人，就想让它能恢复以前的那种光彩……"

　　正是被这样简单纯粹的想法驱使着，他奔走于易武与台湾之间，自费将《易武乡茶叶发展概况》付印成册面世；串联起各个关键人物，一点一滴拼凑出号级茶的制作技艺；从无到有去探求摸索，尝试制作出还原号级茶工艺的第一批产品"真淳雅号"……

　　晒青比烘青好在哪？摊晾到多久才能杀青？松紧度要多少才更利于转化？这些令人了如指掌的制茶工艺细节，事实上也是经历了先行者无数次的探索。"你说它难，它也不是很难，但是要抓到那个点，真的需要点时间，我们也是经过了很多次

◎ 吕礼臻先生

的调试才慢慢找到原来的那个点，一开始也不是很明白。"

我们今天会把"真淳雅号"看作是易武茶的代表性产品之一，不光因为它出自易武，更因为它让习惯了国营大厂拼配茶的喝茶人，重拾了1949年前的"号级茶"——用一流的原料，传统的工艺，制作力所能及中最优质的普洱茶这样一种制茶理念。

"所爱隔山海，山海亦可平"，海峡山川怎么能够阻隔茶人的热爱？时至今日，每逢茶季，我们依旧能在易武大街上看到他儒雅慈蔼的身影。

张 毅

张乡长，老乡长。当我们与制茶人谈起张毅时，言及"老张毅"鼓励并传授他们如何制茶的旧事，他们喟然感叹，言语间皆是缅怀。易武并没有忘记这位可敬的乡长，这位为易武人带来富裕兴旺的老人。

张毅，易武本地人，长期担任易武乡长。人如其名，果决坚毅，有力地推动着易武与古六大茶山的重新崛起。

1984年张毅任易武区副区长，分管农业，亲自指导发展新式茶园5000多亩，并号召乡民种植茶叶，时常组织茶叶培训与推广。直到退休之前，他都一直致力于易武茶业资料的收集与整理，在散失各处的历史文卷、老庄老号中寻找渐行渐远的传奇故事、制茶技艺…

所以 1994 年吕礼臻一行寻源到易武时，才能从他所编写的《易武乡茶业发展概况》中，了解到清代和民国时期的老茶庄以及易武茶文化的情况。这些珍贵的资料被印成单行小册，在台湾进行宣传推广后影响甚大，此后中外有关专家、学者、商人，源源而来，可谓是打开了易武乃至古六山通往外界的大门。

此后张毅备受鼓舞，从 2001 年起他以更广阔视角书写《古六大茶山纪实》一书，真实、客观而全面地揭开了以易武为代表的古六山之神秘所在。从地理环境、茶史沿革到风土民情、世事变迁，从山歌、碑文到一座庙、一尊佛……字字句句，都是这位易武老人将所知所得倾囊相授的热切与真诚。

应台湾友人要求，张毅老乡长与时年八旬多高龄的张官寿老先生等人试制元宝茶。张官寿老先生年轻时曾在同庆号习茶制茶，年事虽高，却精神奕奕，对于五六十年前的旧事记得清清楚楚。经过众人努力，终于恢复了普洱茶的传统制作工艺，并成功试制出易武元宝茶。

◎ 张毅先生所创立的顺时兴号（图片由台湾五行图书出版社提供）

　　随后，张毅老乡长将这套方法无私地传授给易武与古六大茶山的乡亲，更传给来自天南海北喜欢普洱茶的人们。普洱茶的传统制作技艺得到传承与发扬，传统手工制茶的流风遗韵再次被世人领略。

　　鞠躬尽瘁，死而后已，2008 年张毅老乡长溘然长逝。有茶人回忆，2007 年时犹听老乡长说起，已经将易武手工制作的七子饼茶写成材料，上报"非物质文化遗产保护"，冀望将这套手工工艺长久保存下来……

　　皎皎日月，莹莹寸心，易武的山川河流、碧水青天，都不会忘记这位老人的深情厚谊。

陈怀远

"易武这两个字从我 1983 年喝普洱茶开始一直回荡在我的脑海里"。陈怀远，台湾知名茶人，台湾中华茶艺联合促进会理事长。他在《普洱茶录》的自序中深情回忆。

1994 年，与吕礼臻一起来到易武后，触目所见"这一个小山城竟然是如此荒凉"。因时间所限，仅停留了半天一行人便离开了。陈怀远心中的遗憾与使命感与日俱增，仅仅四天后，他便脱离团队，重回易武。

既然所有普洱茶的答案都在易武，在没有解开谜团前，他为什么要离开呢？

一念起，天涯咫尺。这一念间的折返，陈怀远用了半生来实践。据妻子卢敏华讲述，从 94 年起陈怀远"每年一定会上易武茶山，次数不定，从不间断"。

因着易武茶山的山势地形，妻子忧心忡忡——"坐在车上是无止境的颠簸，一路上除了惊心动魄就只剩苦不堪言了"。他甚至差点殒命茶山，如此攸关生死的大事，陈怀远并没有刻意渲染宣传，只在夫人面前云淡风轻的提及过。

陈怀远折返时，恰逢张毅老乡长正着手撰写《易武乡志》，乡志中提及了易武的几家老字号茶庄，陈

◉ 陈怀远先生

◎ 陈怀远先生所创立的
陈远号（图片由台湾五
行图书出版社提供）

怀远便凭借着寥寥数语中的蛛丝马迹，一山一水的探
查与收集。他背负着三台相机、二十几公斤重的器械，
行走在易武的山山水水、峰谷沟壑。一片又一片茶园，
一棵又一棵茶树，可都默默记取了这位穿着口袋衣服
的痴儿？

踏遍易武后，他又将视角放到与易武一脉相承的
古六大茶山，2001 年起，他以古六大茶山为主题，
进行了更深入的走访、更系统的拍摄，将茶山的版图、
珍贵的风土人情一一定格保存，这些资料现已成为整
个普洱茶界最早、最完整的探查记录。

"凡走过，必留下痕迹"，他十分注重史料与细
节的求证，真实地记录下许多文物消逝前的唯一影像。

他的镜头，至今仍是"当地乡政府、爱好茶山、古镇原始面貌的朋友一再引证的写真"。

易武茶乃至普洱茶复兴的重要场合，他以自己的方式发声驰援：1995年张毅所著《易武乡志与易武茶号概况》，书中所使用照片均系陈怀远亲自拍摄；1996年"真淳雅号"大票使用的易武老街照片依然是他拍摄的；2004—2007年，在昆明、西双版纳、北京及马来西亚吉隆坡、韩国首尔等举办"云南古六大茶山摄影展"，再写山中传奇。

深入"第一线"的视角，不仅为千里之外的台湾茶界源源输送认知普洱茶的资讯，也让真正想了解普洱茶的爱茶人，从此渐渐可窥探到明确的真相。

1994年起，陈怀远每年几乎都要上易武茶山，一去便是几个月不等。走在街头巷尾，总有茶农熟稔地打着招呼。二十余载青春抛洒，每一帧镜头，都是对这片土地的挚爱流露。

但行好事，莫问前程。可能对陈怀远而言，寻源易武，是游子归家，流淌于心的精神传承终于有了来路。

詹英佩

　　"先后 12 次走访古茶山，在高山密林中只身徒步行程千余公里，寻访过 50 多个村寨、100 多位老人，拍摄了 2000 多张六大茶山古茶庄、古茶园、茶马古道、文物古迹留存情况和知情人的照片"，这段以生命谱写的旅程、这些来之不易的"物证"，来自一位身形纤弱的昆明籍女子。

　　她就是詹英佩，云南政协报记者，也是普洱茶文化的资深研究者。她对故土饱含着深情："我用双脚去丈量这块土地，用心去感受这块土地，为的就是能为介绍普洱茶、宣传普洱茶做点事、尽点力。"

　　在普洱茶渐渐复苏的 2000 年左右，她背起相机、带上笔记本，步履坚定而有力。山路崎岖，丛林荒凉，毒蛇、蚊虫、蚂蟥就在崎岖逼仄的山路上埋伏着，更

有野牛野象时常出没，对于这个弱女子而言，几乎都置之度外了。

眼见着历史上曾经辉煌无比的古茶山，如今竟是这等的寂寥！她更下定决心，投入到云南普洱茶历史、古茶山历史与茶马古道的研究与考察中。

纤细身体，蕴含着巨大的能量。詹英佩对普洱茶古茶山文化的研究发掘是如此细致入微，自费考察、收集史料、采访整理、拍摄考证、绘制古茶山地图……她对于古六山的探索，并不局限于密林之中，为厘清真相，她不远千里自费前往杭州中国茶叶博物馆观察贡茶实物、南京中国第二历史档案馆查阅史料。

最终，这位奇女子完成了业内闻名遐迩的、订正普洱茶古茶山与古茶庄史实的长篇纪实文学《中国普洱茶古六大茶山》一书。

从"为什么说普洱茶必说六大茶山"的发问开始，她花费大量笔墨还原了"改土归流"的历史，更宏观地探讨了古六大茶山的兴衰与历代中央政府的关系。在她的笔下，古六山波澜状况的历史，如行云流水娓娓道来，个体命运、边地各民族命运与整个中华民族的命运，都连接在了一起。

铁肩担道义，妙手著文章。多年来她奋笔疾书，笔耕不辍，在报纸杂志上广泛宣传普洱茶历史与文化，呼吁社会关注；绘制出古六大茶山示意图，并做了详细的介绍与标注；积极投身普洱茶文化活动，为中国云南普洱茶古茶山国际学术研讨会提供近百幅照片作展览，让与会专家学者更直观、更深刻地了解云南的茶历史与茶文化；随首届驮茶进京的大马帮行走12天，翻越秦岭，向川陕人民宣传介绍普洱茶……

纤纤素手，拨开普洱茶历史与发展轨迹的重重迷雾，她为着普洱茶的探索溯源、现状考证而不惜力、不歇心，审慎用笔、厚积薄发，她始终恪守"言得其要，理足可传"的治学态度，故能成其作品之客观之严谨。

无名氏传

无名氏者，并不是没有姓名，只是因其名不显，籍所不著，他们用自己的默默付出和努力为一乡茶事各尽其力，故统其名为无名氏传，笔墨以呈一二。

古镇上有位王姓的石匠，是早年从昭通来的。极富节奏感的锤凿敲击声，回荡在古镇已有十余年，敲响每一个清晨黄昏。锤砧起落，凿刻划打，每个石磨都靠两只手一锤一锤的敲打定型，僵硬呆板的石头，在他手上有了生命。四千多个日日夜夜，凿击出不可计数的石磨，更不知这些石磨压制了多少的茶饼。

老街上不少老号的后人犹在，迎春号后人朱大姐与其母亲就仍住在那座一百多年的老宅子里。这处石屏风格的宅子传了几代人，老人家在这里住了一辈子，并不愿意随子女搬到城里的楼房。宅子年久难免有些破败，时有风雨之忧，子女们一合计，干脆集资为老母亲把宅子修葺翻新。为了修复老宅，已经耗资四五十万元——这笔费用对于普通家庭，实在颇为肉痛。他们遵照老人家意愿，坚持修旧如旧，最大程度地保留和还原宅子的原貌，"瓦当专程从石屏运来，木工师傅是特意去普洱找的，但因为断代导致的技术流失，修复之后还有点漏雨。"每次路过，看着老人家在院子里晒着太阳，喝喝茶，逗逗猫，自是一番生趣……

中山寨里有位瑶族兄弟，带我蹚过同庆河冰冷的水流时，从不换鞋，也不挽裤脚，去到茶园几个小时的山路，在溪流和山林里穿梭，说"健步如飞、如履平地"也毫不夸张。他说这些都不算什么，"现在已经比早些年好太多"。以前每到茶季，全家老小全部出动，背着干粮、碗筷、腊肉、被子，再带上炒锅，去往茶园。丰茂密林里山涧深不见底，毒蛇、猛兽时时出没，这个彪悍的民族毫不畏惧，负重徒步几个小时才能抵达，采茶、炒茶、吃饭、睡觉都在茶园里，做好一批茶再背出去。

落水洞有位20出头的小伙子小黄，中学毕业后去勐海跟着人家学茶做茶，每逢茶季便再回到家里。侃侃而谈之间，发现他像海绵一样吸收着各种知识，经常跟随师傅长途往返，"喜欢看外面的世界，长见识"。不过弱冠之岁，却非常清晰自己所愿，所有的离开都是为了更好地回来。爷爷留下的老宅被他改作茶室，洒扫得一尘不染，心中笃定"钱再多，也比不上屋子里的欢声笑语"。

我们有一位负责生产的同事，农大毕业，放弃大城市的生活环境，背井离乡，常年扎根在易武，一年有三百天以上的日子都在易武。初来异地无亲无故，也不了解易武山水与风土人情，一点一滴全靠自己摸索构建。女孩子视若珍宝的皮肤，她毫不在意地晒黑、晒伤，为了融入甚至还练就一身酒量，与工人、山民们把酒言欢。

我们的一位原料供应商，二十多岁就从家乡湖南来到易武，茶季时几乎不是在茶山，就是在去往茶山的路上，家人小孩近来眼前，却总是聚少离多。而他的叔叔，更是在20世纪80年代就来到易武，四十余年，在此安家立业，子女也扎根易武继续以茶为业，成了"新易武人"。

篇幅所限，所列者不过寥寥之数，文字数语之间也仅可窥其一貌，更多为易武茶的发展兴盛推波助澜者未能一一道尽，难免疏漏。

古镇不大，满目亲故；古镇不小，海纳八方。他们或由天南海北而至，或世家流传至此，默默耕耘，热血一方。如果不是日日夜夜身在易武，可能终其一生你也不会认识他们。他们"不知其名""不闻其事"，在易武茶的漫漫长河中，各有贡献，各有心血，共襄茶事，同为乡人！

岁月沉积，人生知味，致敬易武，更礼赞这些无名的"易武人"！